Kamel Bensaid

Simulation du procédé de formage incrémental d'un tronc de cône

Kamel Bensaid

Simulation du procédé de formage incrémental d'un tronc de cône

Éditions universitaires européennes

Impressum / Mentions légales

Bibliografische Information der Deutschen Nationalbibliothek: Die Deutsche Nationalbibliothek verzeichnet diese Publikation in der Deutschen Nationalbibliografie; detaillierte bibliografische Daten sind im Internet über http://dnb.d-nb.de abrufbar.

Alle in diesem Buch genannten Marken und Produktnamen unterliegen warenzeichen-, marken- oder patentrechtlichem Schutz bzw. sind Warenzeichen oder eingetragene Warenzeichen der jeweiligen Inhaber. Die Wiedergabe von Marken, Produktnamen, Gebrauchsnamen, Handelsnamen, Warenbezeichnungen u.s.w. in diesem Werk berechtigt auch ohne besondere Kennzeichnung nicht zu der Annahme, dass solche Namen im Sinne der Warenzeichen- und Markenschutzgesetzgebung als frei zu betrachten wären und daher von jedermann benutzt werden dürften.

Information bibliographique publiée par la Deutsche Nationalbibliothek: La Deutsche Nationalbibliothek inscrit cette publication à la Deutsche Nationalbibliografie; des données bibliographiques détaillées sont disponibles sur internet à l'adresse http://dnb.d-nb.de.

Toutes marques et noms de produits mentionnés dans ce livre demeurent sous la protection des marques, des marques déposées et des brevets, et sont des marques ou des marques déposées de leurs détenteurs respectifs. L'utilisation des marques, noms de produits, noms communs, noms commerciaux, descriptions de produits, etc, même sans qu'ils soient mentionnés de façon particulière dans ce livre ne signifie en aucune façon que ces noms peuvent être utilisés sans restriction à l'égard de la législation pour la protection des marques et des marques déposées et pourraient donc être utilisés par quiconque.

Coverbild / Photo de couverture: www.ingimage.com

Verlag / Editeur:
Éditions universitaires européennes
ist ein Imprint der / est une marque déposée de
OmniScriptum GmbH & Co. KG
Heinrich-Böcking-Str. 6-8, 66121 Saarbrücken, Deutschland / Allemagne
Email: info@editions-ue.com

Herstellung: siehe letzte Seite /
Impression: voir la dernière page
ISBN: 978-3-8417-4779-2

Remerciements

Ce projet de recherche a été préparé dans le cadre d'un mastère en Ingénierie des Systèmes Mécaniques (ISM), à l'école Supérieures des Sciences et Techniques de Tunis (ESSTT) au sein de l'Unité de Recherche Mécanique des Solides, des Structures et Développement Technologique **UR-MSSDT.**

Je remercie **mes encadreurs, messieurs :**

* Monsieur **Mahfoudh AYADI,** enseignant à l'Ecole Nationale d'ingénieurs de Bizerte (ENIB)

* Monsieur **Ridha SOUISSI**, enseignant à l'Ecole Supérieure des Sciences et Technique de Tunis (ESSTT)

pour leurs aides et leurs conseils précieux, qui m'ont permis de mener à terme le présent travail.

Je remercie également, messieurs **Mohamed Ali REZGUI, Atef BOULILA** et **Dhaou LAIFA** pour leurs encouragements et leurs soutiens.

J'adresse mes sincères remerciement à :

Monsieur **Noureddine BEN YAHIA,** pour l'honneur qu'il m'a fait en acceptant de présider le jury de soutenance du présent mémoire. Qu'il trouve ici l'expression de ma reconnaissance ainsi que mes sincères gratitudes.

Monsieur **Mohamed Ali REZGUI,** à son tour pour l'intérêt qu'il a porté à mes travaux et sa patience pour évaluer ce mémoire.

Enfin, ma reconnaissance s'adressent aussi à ceux et celles qui m'ont aidé et soutenu durant mon parcours d'étudiant. Qu'ils trouvent ici l'expression des mes remerciements les plus sincères.

Table des matières

Listes des figures

Liste des tableaux

Introduction générale

De nos jours, le développement des procédés de mise en forme des tôles minces reste l'un des plus important procédés dans le secteur industriel. Parmi ces procédés, le formage incrémental qui se présente comme un procédé stratégique dans la production à faible coût des pièces de petites série ou fabrication de prototype [Kim 03]. En effet ce procédé permet de déformer la tôle à l'aide d'un outil à bout hémisphérique suivant une trajectoire prédéfinie [JES 05]. Les avantages du formage incrémental sont la grande flexibilité, le faible coût d'outillage et la réalisation des formes complexes.

Pour réduire le nombre d'expériences nécessaires à la mise au point et le dimensionnement de tel outillage de ce procédé complexe, les industriels recourent toujours à des outils de simulation numérique plus performants. Ceux-ci permettent de simuler l'opération de mise en forme et de limiter les pertes de matières premières (fabrication des outils).

Ce projet se veut comme objectif de proposer un modèle numérique de procédé de formage incrémental, et de simuler le procédé avec certains paramètres géométriques (de l'outil et de la tôle) en gardant leurs influences sur les efforts appliqués , les contraintes et l'amincissement du flan en vue d'optimiser le procédé.

Le présent mémoire est réalisé en trois chapitres qui se résument comme suit :

Le premier chapitre a été réservé à une étude bibliographique sur le procédé de formage incrémental. Tout d'abord nous avons abordé une présentation et généralité de ce type de procédé. Ensuite nous avons présenté les différentes catégories et le principe de formage incrémental. Nous avons cité quelques domaines d'application ainsi les machines utilisées pour mettre en évidence ses avantages. Enfin, nous nous sommes intéressés à la loi de comportement des matériaux ainsi qu'aux études expérimentales et les simulations numériques réalisées de ce procédé.

Nous avons présenté dans le second chapitre le modèle numérique de procédé de formage. Dans la première partie du chapitre nous avons abordé la création de trajectoire d'outil en utilisant les systèmes de CFAO pour un parcours discontinu (circulaire), et le logiciel MATLAB pour un trajet continu (hélice).

Ensuite, nous avons établi une description géométrique de modèle ainsi les propriétés mécaniques de tôle. Nous nous sommes intéressés aux conditions aux limites et de chargements appliqués au dispositif de formage incrémental. Le reste du chapitre a été consacré à l'implantation d'un modèle élément fini sur le code de calcul ABAQUS/Implicite.

Le troisième chapitre sera consacré à la simulation du procédé de formage incrémental à un point SPIF. Nous nous intéresse à la variation des paramètres sur l'évolution de l'effort de formage, la contrainte et l'amincissement du flan. Finalement nous avons terminé par une comparaison pour valider le meilleur paramètre donnant une géométrie exacte de forme souhaitée.

Chapitre 1

Étude bibliographique

1.1. Introduction

Les procédés de mise en forme des pièces sont développés aux cours du temps, en particulier le formage incrémental a été présenté comme une nouvelle technologie pour permettre la production des pièces métalliques minces en utilisant des machines à commande numérique.

Dans le présent chapitre nous aborderons le procédé de mise en forme des structures minces basés sur la technique de formage incrémental. Nous présenterons par ailleurs les différentes catégories de ce type de formage, les applications industrielles et les machines utilisées.

Finalement, nous présentons la loi de comportement des métaux en feuille. Il s'agit d'une étude concernant la formabilité des tôles. La courbe limite de formage et les différents travaux de recherche sur le procédé de formage incrémental seront exposés.

1.2. Présentation et généralité du formage incrémental

Le formage incrémental est un procédé de mise en forme par déformation plastique des tôles minces qui s'effectue à l'aide d'un simple outil de petite dimension. Ce procédé est appelé au départ formage sans moule et a été breveté en 1967 par Leszak [EMM 10].

De nos jours les nouveaux procédés de mise en forme sont basés sur la déformation plastique locale des tôles et permettent de réaliser des pièces de formes complexes. Pour réaliser les trajectoires du poinçon on utilise les machines à commande numériques (MOCN) et les logiciels de CFAO.

L'utilisation du procédé de formage incrémental sert à réaliser des différentes formes des pièces comme les pièces de petites séries, le prototypage et les pièces sur mesures.

Ce nouveau procédé permet la mise en forme des tôles par déformation plastique en utilisant des machines à commande numériques à plusieurs axes.

Le formage incrémental assure un délai de réalisation des pièces plus court comparé aux autres procédés de formage comme l'emboutissage. Ce dernier présente plusieurs

13

étapes pour former une pièce. La figure 1.1 représente les différentes étapes de réalisation des pièces en formage incrémental et en emboutissage [JES 05].

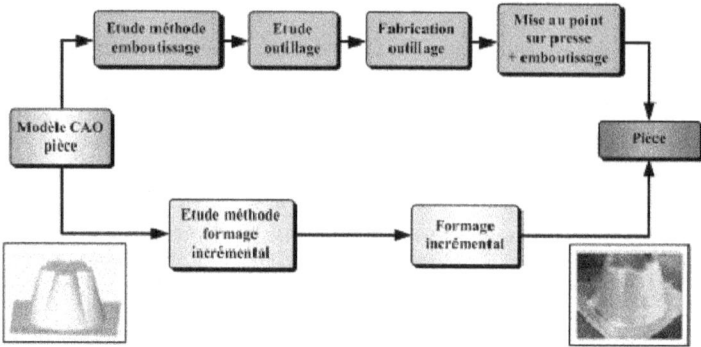

Figure 1.1 : Etapes de réalisation d'une pièce prototype de tôlerie [JES 05].

• **Principe du procédé de formage incrémental**

Le principe de procédé du formage incrémental c'est de déformer plastiquement la tôle à l'aide d'un poinçon hémisphérique de petite taille devant les dimensions de la tôle. Ce poinçon suit une trajectoire prédéterminée et déforme localement la tôle de manière incrémentale [DEC 09].

1.3. Catégories du formage incrémental

1.3.1. Formage incrémental asymétrique (AISF)

Le principe du formage incrémental permet la mise en forme d'une tôle par des déformations locales successives et le repoussement progressif de la tôle par un outil de forme hémisphérique de petite taille (poinçon). Le poinçon peut passer plusieurs fois sur une même zone de la tôle sans produire du coupeaux [JES 05].

La figure 1.2 représente les éléments constitutifs utilisés pour le formage incrémental asymétrique.

14

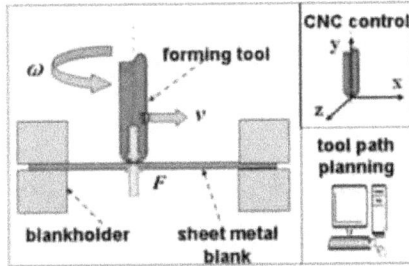

Figure 1.2 : Formage incrémental asymétrique [JES 05].

Le formage incrémental asymétrique peut être divisé en deux catégories :

* Le formage incrémental à un point (SPIF)
* Le formage incrémental à deux points (TPIF)

1.3.2. Formage incrémental à un point (SPIF)

Ce procédé a été étudié par plusieurs auteurs à l'instar de Jeswiet, Micari [JES 05], Kim et Yang [KIM 00].

Le principe de formage incrémental à un seul point est basé sur l'existence ou l'absence du contre outil, le serre-flan est toujours fixe mais sans contre –moules. Cependant, ce procédé de formage impose une bonne connaissance du comportement du matériau afin de mettre en forme la tôle car le retour élastique est plus important à cause de l'absence de contre-moule.

Le principe du formage incrémental à un point (SPIF) est illustré par la figure 1.3.

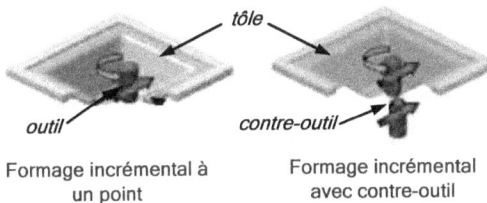

Formage incrémental à   Formage incrémental
un point   avec contre-outil

Figure 1.3 : Principe du formage incrémental à un point (SPIF) [HIR 04].

1.3.3. Formage incrémental à deux point(TPIF)

Le formage incrémental à deux points (TPIF) a été étudié initialement par Powell et Andrew en1992. Après, plusieurs auteurs ont travaillé sur ce procédé, tels que Matsubara et Bambach [DEC 09]. La figure 1.4 présente la manière dont le

15

poinçon vient mettre en forme la tôle au contact du contre-moule, avec un serre-flan mobile suivant l'axe vertical. L'avantage de ce procédé c'est d'obtenir une meilleure précision et un bon état de surface.

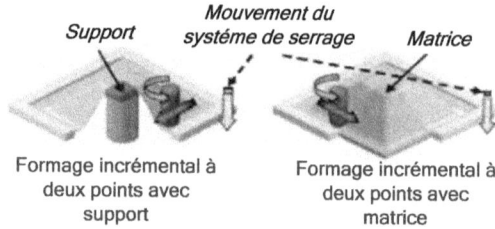

Figure 1.4 : Principe du formage incrémental à deux points [JES 05].

Le formage incrémental peut être encore divisé en considérant un autre critère de classement basé sur la trajectoire de l'outil. Nous parlons ainsi du formage négatif et formage positif [ROB 09].

1.3.4. Formage négatif

- **Principe**

Le principe de formage négatif est de déformer la tôle de l'extérieur vers l'intérieur. Le poinçon commence à former l'extérieur de la tôle (c'est-`a-dire vers les bords de la tôle) puis finit par déformer son centre. Dans le cas de troncs de cône, le poinçon forme des disques de l'extérieur vers l'intérieur du cercle 1 au cercle 5, comme illustre la figure 1.5. Ce procédé est associé au formage incrémental à deux points TPIF.

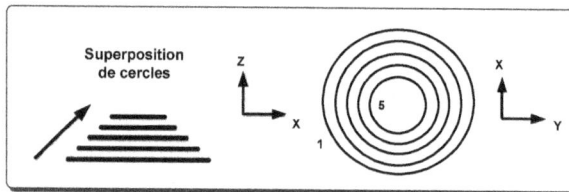

Figure 1.5 : Principe de formage négatif [DEC 09].

L'avantage du procédé de formage négatif est d'obtenir une très grande flexibilité car l'utilisation d'un même outil de forme simple, peut être utilisée pour un grand nombre de familles de pièces.

1.3.5. Formage positif

- **Principe**

Pour le formage positif l'outil va déformer la pièce de l'intérieur vers l'extérieur à partir d'un seul point de contact. Ce procédé est utilisé dans le cadre SPIF. Le poinçon ne forme plus des cercles mais des anneaux constitués de plusieurs cercles comme l'indique la figure 1.6 [DEC 09].

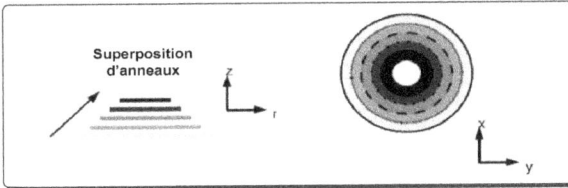

Figure 1.6 : Principe de formage positif [DEC 09].

L'utilisation d'une matrice qui peut être pleine ou partielle et un serre-flan qui descend pendant le formage pour serrer le contour de la tôle. Il est possible d'utiliser une matrice avec un matériau de faible dureté et facilement usinable pour réduire les coûts de fabrication [KOP 05].

On peut remplacer la matrice par un contre-outil à bout hémisphérique opposé à l'outil pendant le formage comme l'illustre la figure 1.7. Ce principe permet une mise en forme identique pour un cout d'outillage moindre, mais les trajectoires des contre-outils n'est pas évidente pour les géométries complexe. [ROB 09].

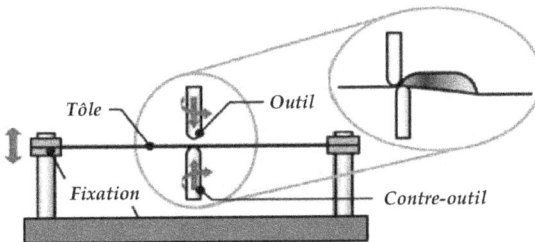

Figure 1.7 : Principe de formage positif avec contre-outil [ROB 09].

1.4. Applications et innovations du procédé de formage incrémental

Nous allons citer dans cette partie les différents domaines d'applications et les machines utilisés pour le procédé de formage incrémental.

1.4.1. Application

Le procédé de formage incrémental permet de fabriquer des pièces de petites séries ou prototypes. Par conséquent, il a plusieurs applications dans certains domaines, parmi lesquels l'utilisation de ce procédé dans le domaine médical pour fabriquer les dispositifs médical de manière simple, rapide et efficace et dans le domaine aéronautique ou micromécanique.

Il existe également des applications plus atypiques comme les œuvres d'arts ou pour des caractérisations phénoménologiques de matériaux. Il est également possible d'utiliser ce procédé pour des phases de finition [ROB 09].

La figure 1.8 présente un support de cheville personnalisé par formage incrémental en utilisant le système de CFAO a réalisé par Filice el Ambrogio [AMB 05]. La forme de la cheville est numérisée par le système de scanne.

Cette forme est ensuite transformée en modèle CFAO qui va générer la trajectoire de poinçon nécessaire à la réalisation du support de cheville personnalisée.

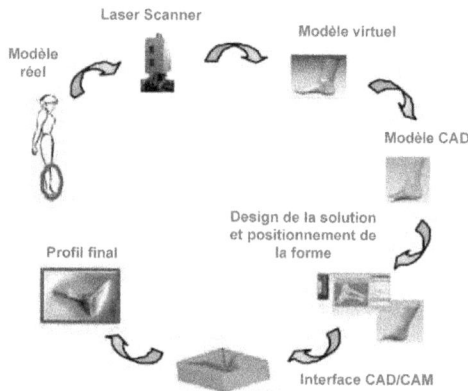

Figure 1.8 : Cycle de fabrication d'un support de cheville **[AMB 05].**

1.4.2. Innovations

Le formage incrémental double face accumulative (ADSIF) est un procédé qui permet d'améliorer la flexibilité géométrique et en même temps d'augmenter la formabilité. Cette stratégie a été développée en 2012 par Rajiv et Jian [MAL 12], elle utilise un outil de chaque coté de la feuille et ces deux outils ont un déplacement contrôlé comme le montre la figure 1.9.

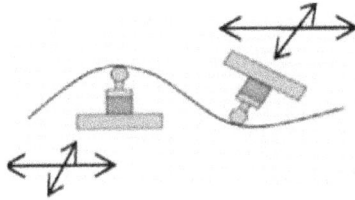

Figure 1.9 : *Formage incrémental double face accumulative (ADSIF)* [MAL 12].

L'utilisation du formage incrémental en un seul point pour former des pièces de PVC à une température ambiante est une nouvelle application qui a été développée par Franzen en 2009. Nous avons l'exemple de la pièce en PVC formé par formage incrémental sur la figure 1.10.Une machine à commande numérique à trois axes est utilisés pour former des pièces plus complexes de PVC commercial [TEK 09].

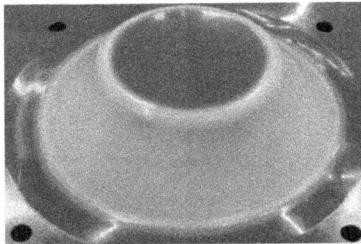

Figure 1.10 : *Formage incrémental de pièce en PVC* [TEK 09].

Une nouvelle technique du formage incrémental à chaud à une température égale à 400°C a été développée par Guoqiang et Hussain, en 2008 en utilisant du courant éclectique pour chauffer par effet joule l'interface poinçon/tôle. L'augmentation de l'intensité de courant électrique permet l'augmentation de la température ainsi que la formabilité de la tôle. Ce principe est illustré par la figure 1.11.

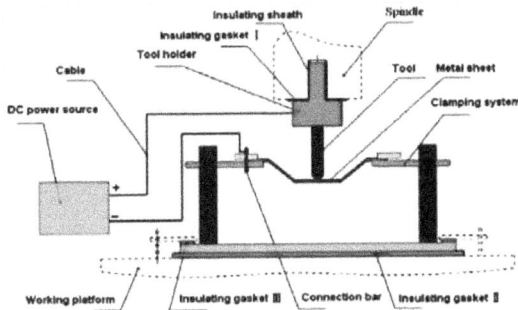

Figure 1.11 : *Formage incrémental à chaud : utilisation d'un courant électrique* [GUO 08]

19

La figure 1.12 représente la mise en forme de tôles par formage incrémental à un point (SPIF) en utilisant pour le premier cas un poinçon rigide (RTSPIF) et pour le deuxième cas un jet d'eau (WJSPIF). Cette méthode a été développée par Petek et Junkar en 2008.

| RTSPIF | WJSPIF |

Figure 1.12 : Utilisation de deux outils différents pour le formage SPIF [PET 09].

1.5. Machines utilisées en formage incrémental

Pour le formage incrémental, l'utilisation des machines à commande numérique MOCN à plusieurs axes est très répondu. En 2005 Jeswiet et Duflou utilise la MOCN comme machine pour réaliser des pièces en formage incrémental deux points. La figure 1.13 représente une machine CNC équipée par un serre-flan mobile.

Figure 1.13 : Machine CNC équipée d'une serre flan mobile [JES 05].

La figure 1.14 représente une machine commerciale développée par Hirt en 2004. Cet auteur l'utilise spécifiquement pour le procédé de formage incrémental .Cette machine est équipée d'un serre-flan mobile et permet une grande vitesse de production et la production de moyennes séries. Sa technologie a été développée par Matsubara et Amino [JES 05].

Figure 1.14 : *Machine de formage incrémental de type Amino* [JES 05].

Il y a d'autres types de machines qui ont été utilisées pour le procédé de formage incrémental à un point SPIF et développé par Allwood (figure 1.15). En effet, sur toutes ces machines la tôle est déformée plastiquement par sa face supérieure.

Figure 1.15 : *Machine de SPIF développée par Allwood* [JES 05].

L'utilisation des robots industriels en formage incrémental est une étude développée par plusieurs chercheurs comme Schafer, Schraft, Meier, Dewald et Zhang [DEC 09]. Ces robots ont de grandes capacités de production, des vitesses de travail importantes mais une faible rigidité et des efforts maximaux admissibles assez faibles.

Le robot anthropomorphique présenté est illustré par la figure 1.16 pour réaliser une pièce en formage incrémental à deux points TPIF.

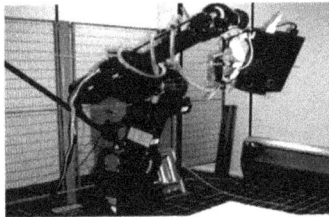

Figure 1.16: *Robot anthropomorphique Smart S4* [DEC 09].

1.6. Avantages et inconvénients du formage incrémental

1.6.1. Avantages

Les principaux avantages du formage incrémental sont :

- la production de pièces directement à partir du fichier CFAO.

- l'augmentation de la formabilité des matériaux.

- la grande flexibilité pour des modifications en prototypage.

- les forces de formage faibles pouvant être générées sur machine à commandes numériques conventionnelles.

- la dimension des pièces limitée à celle de la machine.

1.6.2. Inconvénients

Les principaux inconvénients du formage incrémental résident dans un temps de mise en forme beaucoup plus long que les procédés d'emboutissage conventionnel limitant le procédé à de petites séries de production.

Un autre point faible de formage incrémental de la formation d'angles droits doit être atteint par des stratégies multi-étirage et retour élastique important [DEC 09].

1.7. Comportements des métaux en feuille

1.7.1. Formabilité

Plusieurs recherches ont été réalisées sur la formabilité des tôles en mise en forme par le formage incrémental. Shim et Park [PAR 01] ont travaillé sur la formabilité d'aluminium. Ils ont montré que la formabilité augmente et l'épaisseur de la tôle diminue.

En effet Kim et Park ont étudié l'influence du type et le diamètre de poinçon sur la formabilité des tôles. Ils ont utilisés deux outils différents pour tester la formabilité. Ils ont montré que l'utilisation de poinçons de petits diamètres permet d'augmenter la formabilité [KIM 02].

Le choix de l'incrément vertical Δz a une influence sur la formabilité et sur l'état de surface de la tôle .Micari KIM 02] a montré que l'augmentation de l'incrément Δz fait diminuer la formabilité des tôles. En plus l'augmentation de la vitesse de rotation du poinçon augmente la formabilité qui dépend également du matériau utilisé [DEC 09]. Les résultats sont représentés dans la figure 1.17.

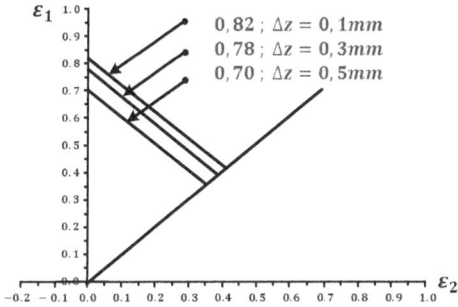

Figure 1.17 : CLF en fonction de la profondeur de passe Δz pour un diamètre de poinçon de 5 mm [KIM 02].

1.7.2. Ecrouissage

Les principales lois d'écrouissages isotropes utilisées pour la mise en forme des matériaux métalliques sont [GRE 04] :

La loi d'Hollomon : $\quad\quad\quad\quad\quad\quad \sigma_y = K\varepsilon^{-n}$ (1.1)

La loi de Swift : $\quad\quad\quad\quad\quad\quad \sigma_y = K(\varepsilon_0 + \varepsilon^{-pl})^n$ (1.2)

La loi de Ludwick : $\quad\quad\quad\quad\quad \sigma_y = \sigma_0 + k(\varepsilon^{-pl})^n$ (1.3)

La loi de Voce : $\quad\quad\quad\quad\quad \sigma_y = \sigma_0 + \sigma_s\left(1 - exp\left(-\dfrac{\varepsilon^{-pl}}{\varepsilon_0}\right)\right)$ (1.4)

Avec $\quad$ n : coefficient d'écrouissage.

$\quad\quad\quad\quad$ K : coefficient de résistance du matériau.

1.7.3. Courbe limite de formage

Plusieurs études ont été développées pour la caractérisation de la formabilité des tôles. En effet, Keeler a introduit la notion de la courbe limite de formage (CLF) initialement en 1965 pour caractériser la formabilité. Il constate que tous les points se situaient sur une même courbe appelée courbe limite de formage.

Goodwin a complété les travaux de la courbe limite en 1968 en considérant les cas ou la déformation principale mineure positive et négative.

La courbe limite de formage (CLF) est très pratique dans le domaine industriel de mise en forme, car il définit deux zones :

- Zone situé au dessus de la CLF qui correspond à la rupture de la pièce.
- Zone situé au dessous de la CLF qui correspond à la réussite de la pièce.

23

Plusieurs auteurs tels que Filice et Van Bael utilisent les courbes limite de formage pour caractériser la formabilité des tôles en formage incrémental. En effet, on peut citer le cas du Filice qui représente une comparaison des courbes limites de formage obtenues par formage conventionnel et incrémental comme l'indique la figure 1.18 [MIC 02].

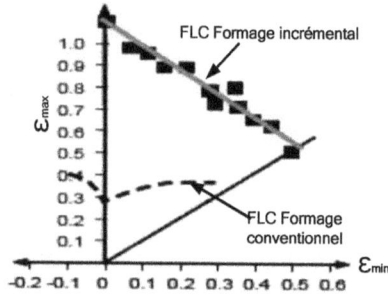

Figure1.18 : *Comparaison de courbes limites de formage obtenues par formage conventionnel et incrémental* [MIC 02].

1.8. Paramètres du procédé de formage incrémental

Il existe plusieurs paramètres de procédé de formage incrémental, parmi lesquels on trouve des paramètres liés à la géométrie de l'outil, à la tôle et les paramètres correspondant à la trajectoire d'outil. La variation de certains de ces paramètres a une grande influence sur la géométrie finale de la pièce.

1.8.1. Trajectoire d'outil

La trajectoire définit le chemin de l'outil pendant la mise en forme des pièces. En effet, plusieurs auteurs [ARF 09, BEL11, STE 07] utilisent les systèmes de CFAO pour déterminer les trajectoires selon les axes de la machines.

Les paramètres de trajectoires sont :

- Profondeur axiale (Δ_z) :

La diminution de l'incrément vertical permet de donner une meilleure géométrie finale de la pièce.

24

- Incréments latéraux $\left(\Delta_x, \Delta_y\right)$:

Dans le cas de trajectoire d'une forme pyramide les incréments latéraux varient en fonction de l'angle. Pour les formes coniques, les incréments latéraux sont considérés fixes($\Delta_x = \Delta_z = \Delta_r$).

La figure 1.19 indique les différents incréments (verticaux et horizontaux).

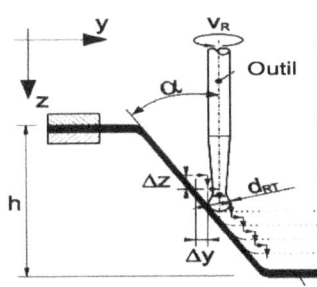

Figure 1.19 : Description des incréments verticaux et horizontaux [PET 09].

La figure 1.20 présentent des exemples des trajectoires utilisées.

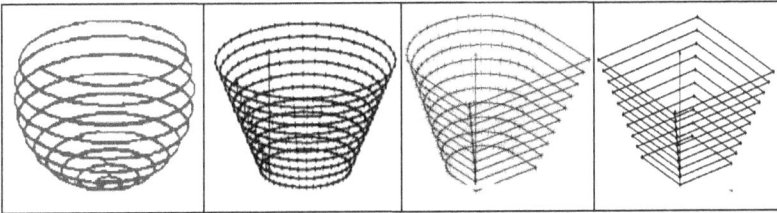

Figure 1.20 : Exemples des trajectoires d'outil [KUR 13, LEO 13].

1.8.2. Type et géométrie d'outil

Le diamètre et la forme de l'outil ont une grande influence sur la formabilité de la tôle. En effet, les travaux de Kim et Park [KIM 02] montrent que l'utilisation d'une sphère libre augmente légèrement la formabilité comparé à un poinçon hémisphérique rigide (figure 1.21).

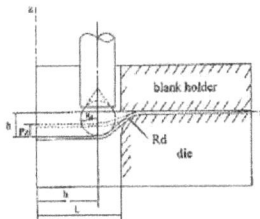

Figure 1.21 : Dispositif formage incrémental cas d'une sphère libre [PAR 01].

1.8.3. Matériau de la tôle

Ambrogio [AMB 04] montre que le matériau qui possède la meilleure formabilité, est le matériau qui présente un coefficient d'anisotropie plus élevé et un allongement à la rupture le plus important. Le tableau 1.1 présente les paramètres de quelques matériaux utilisés.

Tableau 1.1 : *Valeurs des paramètres pour chaque matériau.* K : Coefficient de résistance plastique ; n et R_n : paramètres d'écrouissage ; A : pourcentage d'allongement à la rupture.

Matériaux	K(MPa)	n	R_n	$\sigma_{rupture}(MPa)$	A%
Cuivre	390	0,16	0,85	300	26
Laiton	1437	0,34	0,88	510	8
Acier DDQ	545	0,27	2,01	290	50
Acier HSS	628	0,25	2,01	350	40
Alu 1050-O	255	0,18	0,6	76	39
Alu 6114 –T4	540	0,22	0,69	310	24

1.8.4. Epaisseur de la tôle

L'épaisseur de la tôle est un paramètre important qui a une influence sur la formabilité. Les résultats de Kim et Park [KIM 02] montrent que l'utilisation d'une tôle d'épaisseur 0,92 mm fait diminuer de 70% les niveaux de déformations par rapport une épaisseur de tôle de 1,2 mm. Les résultats d'Arfa [ARF 09] expliquent l'importance de la résistance de la pièce par l'augmentation de l'épaisseur de la tôle.

1.9. Travaux de recherche du procédé de formage incrémental

Dans cette partie nous avons présenté les différents modèles éléments finis et les études expérimentales utilisées ainsi les résultats obtenues.

Généralement les principaux codes de calculs élément finis les plus utilisées est ABAQUS©. Les résultats obtenus sont de bonne qualité.

H .Arfa [ARF 09] a choisi une forme de tronc de cône à base circulaire pour mener l'étude numérique

Une étude expérimentale développée par Steeve Dejardin [STE 07] pour étudier les faisabilités des pièces de petite série sur un centre d'usinage à commande numérique. Le matériau du flan utilisé est l'alliage de cuivre.

La figure 1.22 présente le dispositif expérimental utilisé pour différents essais.

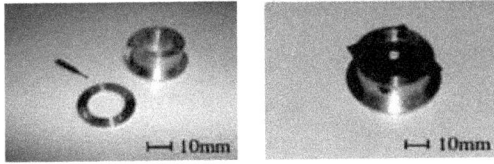

Figure 1.22 : Dispositif de formage incrémental [STE 07].

Les différents paramètres utilisés sont résumés dans le tableau 1.2.

Tableau 1.2 : paramètres de procédé de formage incrémental

Paramètres	valeur
Diamètre d'outil	1 mm
Incrément vertical	0,001 mm
Vitesse d'avance	300 m/min
Vitesse de rotation	250 tr/min

La figure 1.23 présente des pièces réalisées par le procédé de formage incrémental.

Figure 1.23 : Pièces obtenues expérimentalement [STE 07].

La figure 1.24 montre une comparaison entre le profil théorique, numérique et expérimental [STE 07].

La géométrie de la forme finale de godet est assez proche du profil souhaité. A cause de l'effet de trajectoire de l'outil, le fond du godet s'écarte. Le pas vertical a une grande influence sur la conformité de la géométrie comme montre la figure 1.27 [ROB 09].

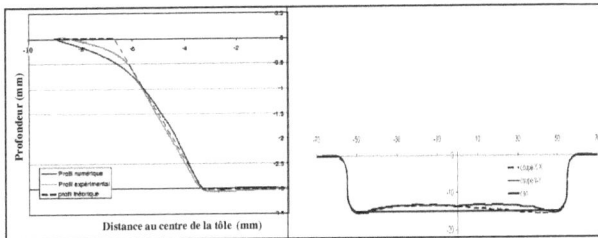

Figure 1.24 : Comparaison du profil théorique, numérique et expérimental [STE 07, ROB 09].

27

J. Belchior [BEL 11] a choisi une forme de tronc de cône pour mener son étude numérique. Il a étudié l'influence de la loi de comportement du matériau sur la répartition des efforts ainsi que sur la géométrie finale de la pièce.

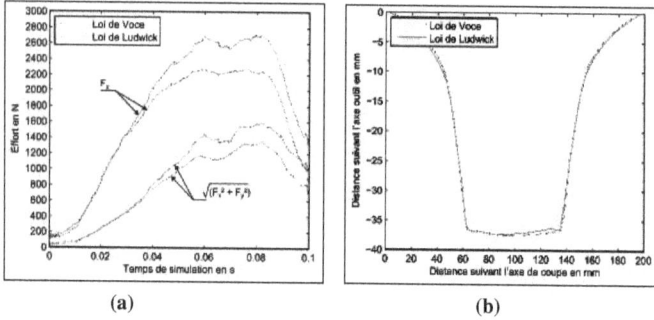

(a)   (b)

Figure 1.25 : Résultats : (a).Effort estimé en fonction de la loi d'écrouissage. (b). Comparaison de la géométrie finale estimée en fonction de la loi d'écrouissage [BEL 11].

Les résultats de la figure 1.25 montrent que la loi d'écrouissage du matériau a une influence non négligeable sur le niveau des efforts. Au contraire la loi de comportement n'a pas d'influence significative sur la géométrie finale de la pièce.

D'après l'étude expérimentale rapportée à Filice et Micari [MIC 06] et Joost et Paul [DUF 07] l'augmentation de l'incrément vertical permet d'augmenter l'amplitude de la force de formage. Autrement dit, l'amplitude de la force est proportionnelle à la profondeur de la paroi entre les contours comme indiqué sur la figure 1.26.

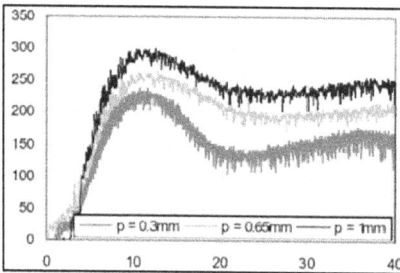

Figure 1.26: Effet de pas vertical [MIC 06].   *Figure 1.27:Effet de diamètre d'outil [MIC 06].*

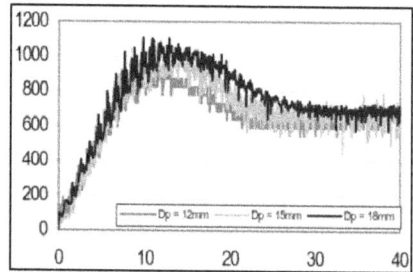

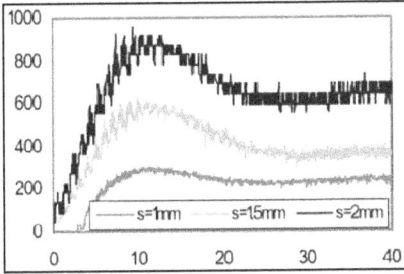

Figure 1.28:*Effet d'épaisseur de la tôle* [MIC 06]   *Figure 1.29*:*Effet d'angle d'inclinaison* [MIC 06].

Ainsi l'augmentation de diamètre de l'outil provoque également une augmentation de l'amplitude de la force du formage. Le résultat de simulation représenté dans la figure 1.30 est effectué par Filice.

En plus, ils ont étudié l'influence de l'épaisseur sur l'effort. En effet la résultante des forces augmente considérablement avec l'augmentation de l'épaisseur. Cette expérience est illustrée par la figure 1.28.

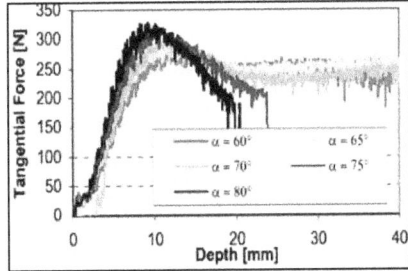

La figure 1.29 montre l'effet de l'angle d'inclinaison sur la répartition des efforts fournis par le poinçon. L'effort atteint une valeur maximale égale à 330 N pour un angle α = 80° par conséquent il est d'environ 250 N pour un angle α= 60°. L'augmentation de la résultante est proportionnelle à l'augmentation de l'angle d'inclinaison.

Le matériau a une grande influence sur l'évolution des efforts générés par le poinçon pendant l'opération de formage incrémental. En effet le matériau qui possède une limite d'élasticité plus importante nécessite un effort de formage important.

La figure 1.30 présente l'évolution des efforts latérale et axiale d'un cône pour deux alliages d'aluminiums (AA-1050 et AA-5754) à différents épaisseurs [GIU 12].

En conclusion, le matériau et l'épaisseur de la tôle ont une influence significative sur la répartition des efforts de formage.

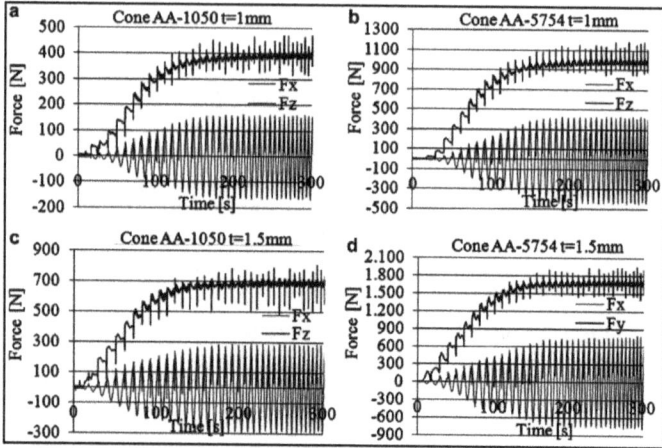

Figure 1.30 : *Tendance des efforts pour un cône* [GIU 12].

1.10. Amincissement du flan

Plusieurs auteurs ont étudiés le problème d'amincissement après la mise en forme des tôles. H. Arfa [ARF 09] montre que l'épaisseur diminue jusqu'à 0,34 mm pour un angle égale α= 70° par rapport à l'épaisseur initiale (e=1,2 mm). La figure 1.31 indique la répartition de l'épaisseur aux différents angles.

Le procédé de formage incrémental dépend de la géométrie de produit final.

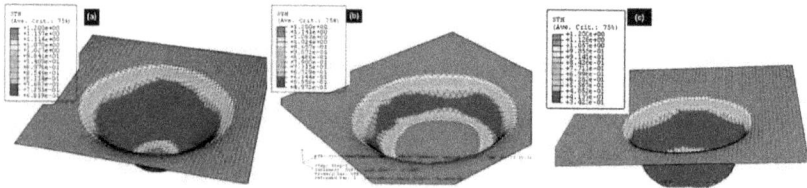

Figure 1.31 : *Répartition d'épaisseur aux différents angles d'inclinaisons.*
α= 50°. b) α= 60°. c) α= 70° [ARF 09].

En se basant sur les travaux de Steeve Dejardin [STE 07] ont montre une augmentation de l'amincissement du flan en fonction de l'effort croissant appliqué par le serre-flan. L'épaisseur diminue de plus en plus, en partant de sa valeur initiale 0,24 mm jusqu'à atteindre une valeur minimale égale à 0,15 mm pour un effort égale à 20000 N comme présente la figure 1.32.

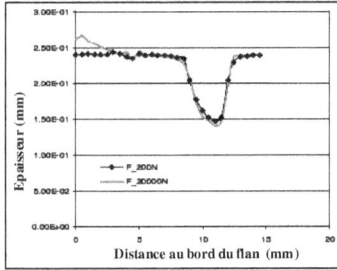

Figure 1.32 : *Comparaison des épaisseurs de pièces obtenues par formage incrémental avec des efforts sous serre-flan différents (F= 200 N, P= 0,5 MPa et F= 20000N, P= 50 MPa)* [STE 07].

La figure 1.33 montre la diminution locale de l'épaisseur dans les zones de contact direct avec l'outil. En effet l'épaisseur diminue de 65% par rapport à l'épaisseur initiale [ROB 09].

Cette diminution est due principalement à la profondeur de passe.

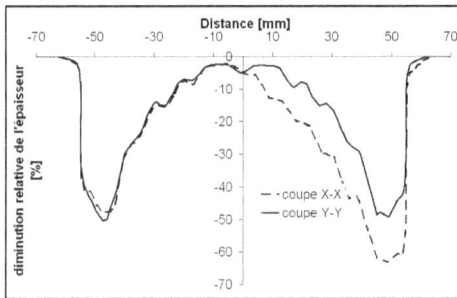

Figure 1.33 : *Diminution relative de l'épaisseur* [ROB 09].

Filice [FIL 05] utilise le procédé de formage incrémental à un point SPIF pour la mise en forme d'un cône et une pyramide tronquée. La tôle choisie d'épaisseur égale à 1 mm et faite d'un alliage d'aluminium AA1050-0. Les résultats des essais expérimentaux et des simulations numériques montrent qu'il y a une grande réduction d'épaisseur d'environ 70 % pour le cas de la mise en forme d'un cône (figure 1.34).

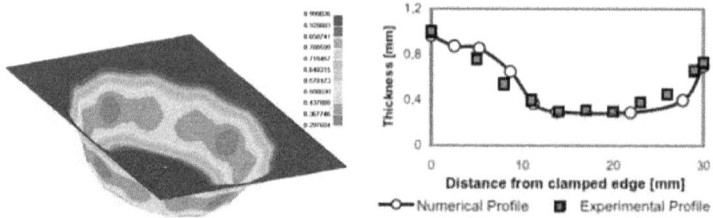

Figure 1.34 : Comparaison entre la distribution de l'épaisseur numérique et expérimentale d'un tronc de cône [FIL 05].

L'épaisseur diminue jusqu'à atteindre une valeur égale à 0,4 mm dans le cas d'une pyramide.

La figure 1.35 indique la comparaison entre la distribution de l'épaisseur numérique et expérimentale d'une pyramide.

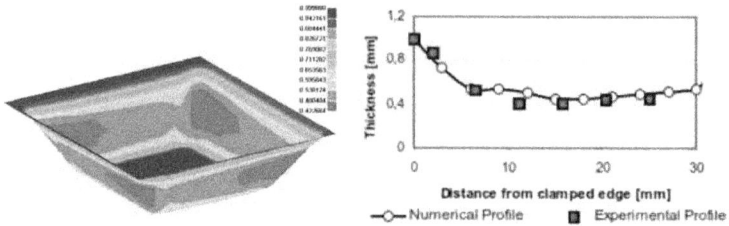

Figure 1.35 : Comparaison entre la distribution de l'épaisseur numérique et expérimentale d'une pyramide [FIL 05].

1.11. Conclusion

Au terme de cette étude de l'état de l'art sur le formage incrémental, nous pouvons dire que grâce à ses avantages, l'utilisation de ce procédé est de plus en plus répandue pour réaliser différentes forme de pièces.

Le formage incrémental est caractérisé par un délai de réalisation des pièces plus court que d'autres procédés. Ses performances ne cessent de s'améliorer grâce à l'utilisation des machines à commande numérique MOCN à plusieurs axes et l'utilisation des robots industriels. Ainsi, le formage incrémental présente plusieurs catégories, ce qui entraine leur utilisation dans plusieurs secteurs.

Nous sommes intéressés également aux paramètres de procédé de formage incrémental. Ces paramètres ont une grande influence sur la forme finale de la pièce.

32

Leur développement et la modélisation du procédé de formage incrémental constitueront l'objet du second chapitre.

Chapitre 2

Modélisation du procédé de formage incrémental

2.1. Introduction

La simulation numérique permet de prédire la formabilité et la qualité de la géométrie de la tôle pour une trajectoire donnée [DEL 11].

Un avantage de maîtriser un tel outil de simulation est de donner une idée sur la faisabilité d'une pièce en utilisant le procédé de formage incrémental. Ainsi, la simulation numérique permet de réduire le nombre d'expériences nécessaires à la mise au point, et facilite le dimensionnement de l'outillage de formage.

L'objectif de ce chapitre est la modélisation du procédé de formage incrémental.

Nous commençons par une description géométrique du modèle (dimensionnement de l'outillage), ensuite nous nous intéressons aux propriétés et caractéristiques mécaniques de la tôle ainsi que les conditions aux limites et de chargement appliqué au dispositif modélisé.

La dernière partie de ce chapitre est dédiée à l'implémentation d'un modèle élément fini sur le code de calcul ABAQUS 6.12.

2.2. Présentation de la pièce finale souhaitée

Dans notre étude la forme finale de la pièce obtenue après simulation doit être de la forme tronc de cône avec des dimensions précises. La figure 2.1 présente la géométrie de la pièce finale souhaitée.

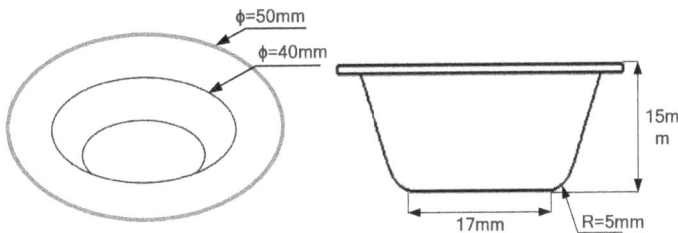

Figure 2.1 : *Dimensions de la pièce souhaitée.*

2.3. Détermination de la trajectoire de l'outil de formage

Généralement la géométrie de la pièce mécanique réalisée par le procédé de formage incrémental est dépendante de la trajectoire d'outil utilisé.

La détermination de la trajectoire définissant le chemin de l'outil devient de plus en plus difficile avec la complexité de la géométrie finale de la pièce et la minimisation de la taille d'incrémentation.

En fait l'introduction de la trajectoire dans un modèle de calcul numérique reste difficile à réaliser si l'on considère une méthode classique par un calcul manuel.

Dans ce cadre, nous étions amenés à concevoir la trajectoire décrivant la géométrie du produit final en utilisant des équations mathématiques et les logiciels de CFAO.

2.3.1. Cas d'une trajectoire continue (hélice)

Les résultats obtenus représentent l'allure de trajet d'outil introduite à Abaqus (figure 2.2).

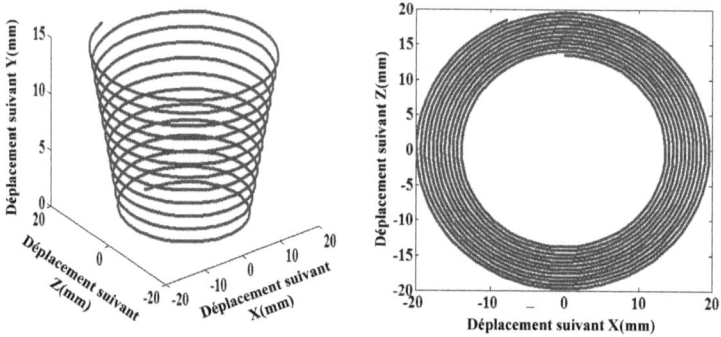

Figure 2.2 : Trajectoire continue (hélice).

a) Etude théorique

Le déplacement du poinçon est un mouvement qui suit une trajectoire hélice. L'hélice est une courbe écrite sur un cône dont la base est un cercle (figure 2.3).

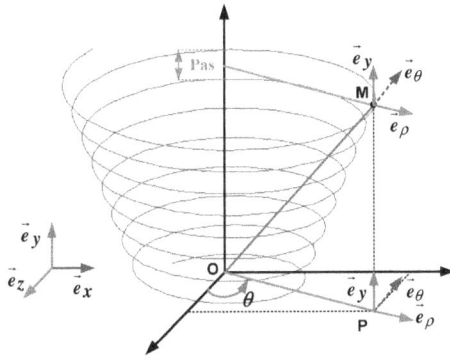

Figure 2.3 : *Système de coordonnées cylindriques* (ρ, θ, Y) *et la base associée* $(\vec{e_\rho}, \vec{e_\theta}, \vec{e_z})$.

La trajectoire est l'ensemble des positions occupées par le point M. L'équation de la trajectoire du point M est la relation liant les coordonnées indépendamment du temps.

Pour exprimer la trajectoire de l'hélice en coordonnées cartésiennes, il faut étudier les paramètres dont dépend la trajectoire, nous avons :

L'angle de rotation d'un point M sur la trajectoire

$$\theta = [0, pas\_\theta, \theta_{max}] \qquad (2.1)$$

Le pas vertical est exprimé en fonction de la hauteur de la forme et l'angle maximale.

$$Pas = \frac{h}{\theta_{max}} \qquad (2.2)$$

Le rayon est donné par les expressions suivantes :

$$R = [R_{min,}, pas\_R, R_{max}] \qquad (2.3)$$

$$Pas_R = Pas_\theta . \frac{R_{max}}{\theta_0} \qquad (2.4)$$

$$\theta_0 \in [0, pas\_\theta, \theta_{max}] \qquad (2.5)$$

Les composantes X, Y et Z sont exprimés dans la base cartésienne comme suit,

$$Y = Pas.\theta \qquad (2.6)$$

$$X = R.sin(\theta) \qquad (2.7)$$

$$Z = R.cos(\theta) \qquad (2.8)$$

b) Correction de la trajectoire sur le rayon de l'outil

L'utilisation d'une trajectoire continue (hélice) dépend d'une correction pour obtenir la forme finale de la pièce souhaitée.

Nous avons utilisé des nouveaux paramètres et les programmer dans l'équation de mouvement de l'outil, qui sont définis dans la figure 2.4.

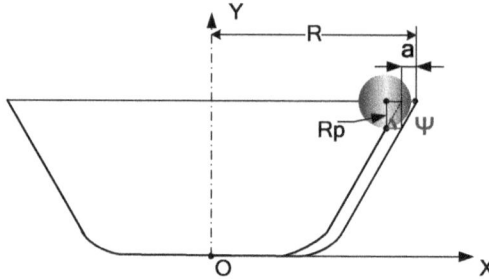

Figure 2.4 : Géométrie de la forme finale souhaitée.

Alors les nouvelles équations de X' et Z' après correction sont :

$$X' = (R - a) * \sin\theta \qquad (2.9)$$

$$Z' = (R - a) * \cos\theta \qquad (2.10)$$

Avec : $a = Rp/\tan(\psi)$

$$\psi = 60°$$

R_p : Rayon du poinçon.

La figure ci-dessous montre la trajectoire de l'outil sans correction, et après correction obtenue en utilisant les nouvelles expressions de X et Z,

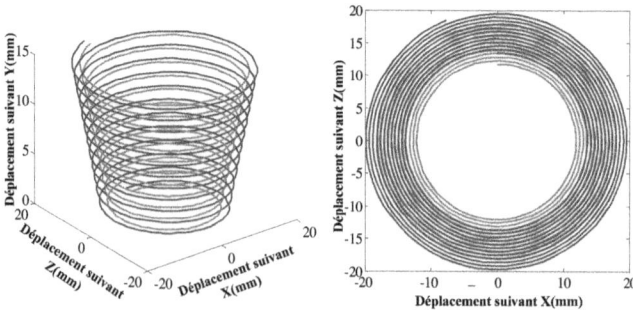

Figure 2.5 : trajectoire de l'outil sans et avec correction

2.3.2. Cas d'une trajectoire discontinue (circulaire)

On peut déterminer la trajectoire d'outil de la pièce tronc de cône le logiciel de CFAO comme montre la figure 2.6.

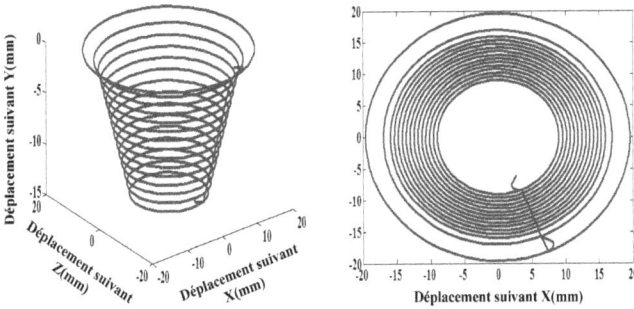

Figure 2.6 : Trajectoire discontinue (circulaire).

2.3.3. Avantages et inconvénients des parcours continu et discontinu

Les avantages et les inconvénients de deux trajectoires sont représentés sur le tableau suivant :

Tableau 2.1 : Avantages et inconvénients des différents trajets d'outil

	Avantages	Inconvénients1
Trajectoire discontinue	-Trajet obtenu avec correction.	-On ne peut pas varier les incréments radiaux (liés à la dimension d'outil et de pièce finale souhaité).
Trajectoire continue	-On peut varier tous les paramètres de trajectoire (incrément vertical et radial)	-Trajet dépond de correction pour obtenir la forme finale de la pièce.

2.4. Modèle de procédé de formage incrémental

Nous avons utilisé dans cette phase un modèle réel qui se décompose par une matrice, un serre-fan et un poinçon pour mener notre simulation.

2.4.1. Description géométrique de modèle

Le modèle géométrique utilisé pour la simulation est présenté par les figures (2.7) et (2.8), qui comportent les éléments suivants :

- Flan : tôle déformable de forme circulaire, de diamètre extérieur égal à 50 mm et d'épaisseur e= 1 mm.
- Matrice de forme circulaire ayant un diamètre extérieur Dm = 60 mm, un diamètre intérieur dm = 43 mm et d'épaisseur 10 mm avec un arrondi égal à 0,75 mm.
- Serre-flan : de forme circulaire de diamètre ds=43 mm et d'épaisseur 5 mm.
- Poinçon : nous avons utilisé deux poinçons hémisphériques de diamètre D = 10 mm et D=6 mm.

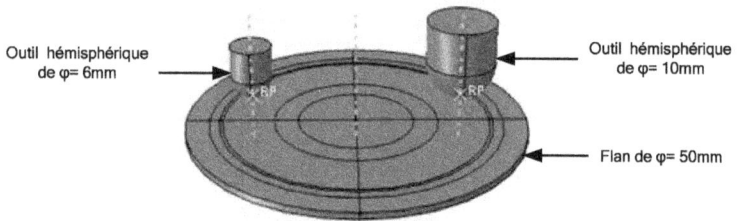

- *Figure 2.7 : Géométrie des outils utilisés de l'essai de simulation.*

- *Figure 2.8 : Géométries des pièces assemblées de l'essai de simulation de formage incrémental.*

2.4.2. Propriétés et caractéristiques mécaniques

Les caractéristiques mécaniques sont essentielles au niveau de simulation. Pour cela on va associer à chaque élément leur propriété mécanique.

Nous avons choisi deux matériaux de flan pour effectuer la simulation (acier inoxydable 304 L, acier doux S235).

≛ Acier inoxydable 304L :

La loi de comportement choisie pour la caractérisation de ce matériau est la loi d'écrouissage de Swift présentée par (1.2).

Les propriétés mécaniques de ce matériau sont :

- Un module d'élasticité $\qquad E_0 = 200000$ MPa

-Un coefficient de poinçon $\qquad \vartheta = 0,3$

-Une limite élastique $\qquad R_e = 350$ MPa

-Une résistance à la rupture à la traction : $\qquad R_r = 633$ MPa

Le diagramme figures 2.9 illustre pour les deux directions de référence 0° et 90° les lois d'écrouissage.

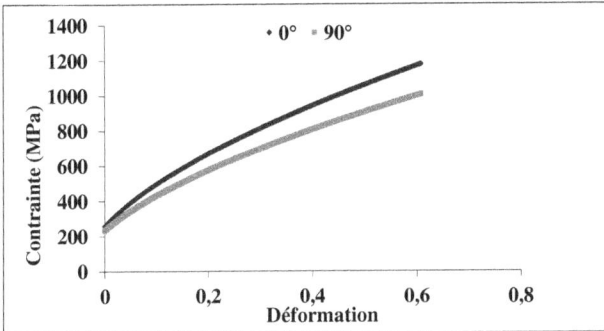

Figure 2.9 : Courbes d'écrouissage suivant les axes de références 0 et 90° [SLI 07].

≛ Acier doux S235 :

Les caractéristiques mécaniques de ce matériau sont :

-Un module d'élasticité : $\qquad E_0 = 205000$ MPa

-Un coefficient de poinçon : $\qquad \vartheta = 0,3$

-Une limite élastique : $\qquad R_e = 235$ MPa

-Une résistance à la rupture à la traction : $\qquad R_r = 340$ MPa

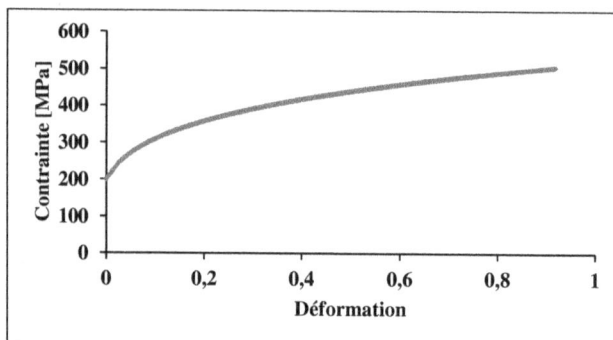

Figure 2.10 : Courbes d'écrouissage de l'acier S235 (zone de déformation plastique).

Les deux matériaux présentent une faible anisotropie sous le critère de Von-Mises.

2.5. Conditions de chargement

Nous allons présenter dans cette partie les différentes conditions de chargements du modèle de simulation numérique.

Les conditions de chargement proposées pour ce modèle sont définies par la figure 2.11.

Figure 2 .11 : Condition de chargement de dispositif.

Les conditions aux limites imposées éliminent tous les degrés de libertés de La matrice. La surface de contact entre la matrice et le flan est supposée de coefficient de frottement égal à 0,1.

Un blocage du flan sur la matrice est réalisé par un déplacement de serre-flan suivant la direction $\vec{y}$ .Le contact entre la serre-flan et le flan est de coefficient de frottement égal à 0,1.

Le déplacement de l'outil est caractérisé par les six degrés de liberté du point de contact tôle/outil. Le coefficient de frottement entre le poinçon et le flan est 0,1.

2.6. Génération du maillage

La génération du maillage est une phase très importante dans le domaine du calcul élément fini. En effet, un maillage de très bonne qualité est essentiel pour l'obtention d'un résultat de calcul précis, robuste et signifiant. La qualité de maillage a un sérieux impact sur la convergence, la précision de la solution et surtout sur le temps de calcul. Une bonne qualité de maillage repose sur la minimisation des éléments présentant des distorsions et sur une bonne résolution dans les régions présentant un fort gradient. Un bon maillage doit également être suffisamment lisse.

Le maillage du flan est hexaédriques linéaires de type C3D8R (intégration réduite). Ce dernier contient 4500 éléments et 9002 nœuds.

L'ensemble des éléments de ce maillage correspond à un schéma d'intégration standard (figure 2.12).

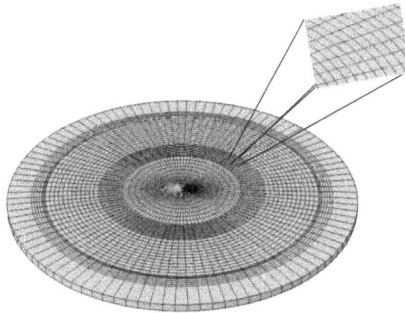

Figure 2.12 : *Maillage en élément fini du flan.*

2.7. Conclusion

Dans le présent chapitre, trois parties principales ont été élaborées. La première partie a traité une méthode pour créer une trajectoire d'outil en utilisant le logiciel de CFAO.

Pour obtenir une géométrie finale de la pièce souhaitée nous avons effectué la correction du profil pour le trajet continu (hélice).

La deuxième partie a été réservée à la modélisation du procédé de formage incrémental SPIF. Un modèle réel a été choisi, qui contient une matrice, un serre-flan et un poinçon de taille hémisphérique.

Dans la dernière partie nous avons présenté les conditions aux limites et de chargement et le maillage du modèle.

Enfin, nous intéressons à la simulation numérique du procédé de formage incrémental SPIF qui constitue l'objet de chapitre suivant.

Chapitre 3

Simulation numérique du procédé de formage incrémental

3.1. Introduction

Le but de ce chapitre est d'établir des simulations numériques du procédé de formage incrémental. L'importance de ces simulations réside dans le fait qu'elle permet de réduire le nombre d'expérience nécessaire à la mise au point et le dimensionnement de l'outillage de formage.

Nous nous intéressons, dans un premier temps à l'évolution des efforts de formage fourni par l'outil. Ensuite, l'influence de certains paramètres sur la répartition de la contrainte et la réduction de l'épaisseur de la tôle. Finalement nous terminons par quelque comparaison pour valider les meilleurs paramètres donnant une géométrie satisfaisante de la forme finale de la pièce.

Les simulations sont réalisées en utilisant le logiciel ABAQUS 6.12. La chaine numérique décrivant les étapes de simulation de formage incrémental est présentée par la figure 3.1.

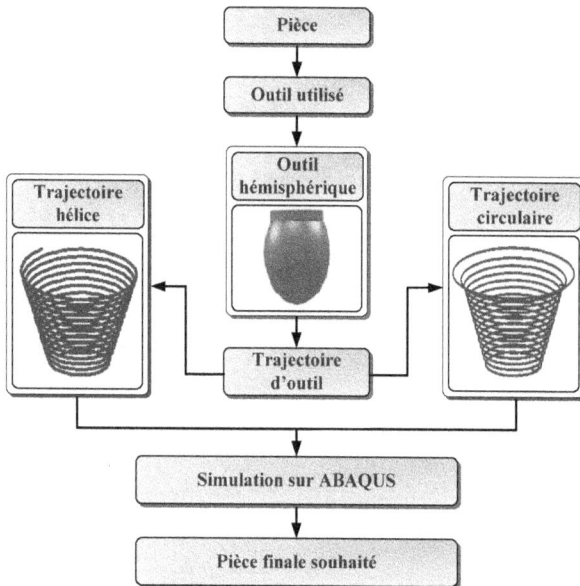

Figure 3.1 : Etapes de simulation de formage incrémental.

3.2. Analyse des résultats et discussion

L'objectif de la simulation s'est de pouvoir identifier et analyser l'effet des principaux paramètres lié à la géométrie d'outil, pas vertical, la nature de matériau de la tôle et la stratégie de parcours de l'outil sur l'évolution de l'effort de formage et la répartition des contraintes ainsi que l'amincissement du flan.

Nous avons choisi de simuler le formage incrémental à un point SPIF pour réaliser une forme conique dont les dimensions sont mentionnées dans le chapitre précédent. Deux trajectoires de l'outil sont sélectionnées et réalisées. La première trajectoire du type discontinue (circulaire) avec lequel nous avons effectué la majorité des simulations pour mettre en évidence l'influence des paramètres sur la qualité et la géométrie finale de la pièce. Une deuxième trajectoire continue (hélice) est réalisée afin d'étudier l'influence de la trajectoire du poinçon sur les résultats du produit final grâce à une comparaison entre les deux trajectoires.

3.2.1. Effet de diamètre de poinçon

Le formage incrémental est un procédé multiparamétrique. Dans cette partie, nous présenterons une étude numérique qui portera l'effet de la variation du diamètre de poinçon D= [6 mm; 10 mm] sur l'évolution des efforts fournies par le poinçon par rapport à son point de référence et la contrainte de Von-Mises.

a) Evolution des efforts de formage

Nous présentons dans cette partie les résultats de la simulation numérique concernant l'évolution des efforts latéraux et axiaux en fonction du temps de simulation et pour différents diamètres de poinçon.

Les courbes présentées sur les figures (3.2) et (3.3) traduisent l'évolution de l'effort latérale $(\vec{F}_x, \vec{F}_z)$ de formage fourni par le poinçon en fonction de temps relativement à la trajectoire discontinue respectivement par un pas vertical fixe $\Delta_y = 0,5$ mm et de diamètre poinçon variable de $D = 6$ mm et $D = 10$ mm.

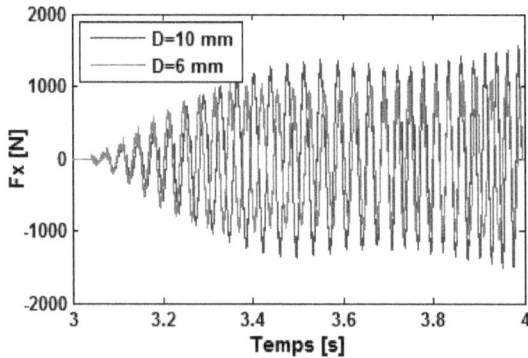

Figure 3.2 : *Evolution des efforts latéraux $\vec{F}_x$ aux différents diamètres de poinçon avec un pas = 0,5 mm.*

À partir des figures (3.2) et (3.3), nous pouvons constater que la valeur de l'effort maximal obtenu pour un diamètre du poinçon de 10 mm atteint la valeur de l'ordre de 1565 N. Cependant pour un diamètre du poinçon de 6 mm, l'effort maximal ne dépasse pas 1184 N.

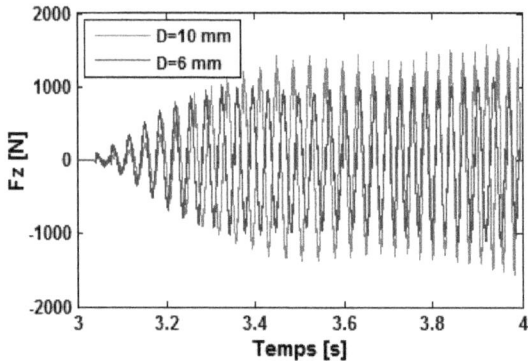

Figure 3.3 : *Evolution des efforts latéraux $\vec{F}_z$ de poinçon aux différents diamètres de poinçon avec un pas = 0,5 mm.*

Nous avons remarqué, dans le cas de la forme de tronc de cône (une pièce axisymétrique), que l'évolution de la force $\vec{F}_x$ est de même ordre que celle de $\vec{F}_z$ (au signe près). Donc, il sera suffisant de présenter la force suivant un seul axe pour mettre en évidence l'influence des paramètres de l'outil sur les efforts de formage. Cette démarche est confirmée dans les travaux de DECULTOT Nicolas [DEC 09].

L'effort de formage incrémentale requis dépend de nombreux paramètres parmi lesquels la dimension du poinçon. En effet, l'augmentation de diamètre de l'outil

48

provoque une augmentation de l'amplitude de l'effort de formage. Cette relation de proportionnalité correspond à la surface de contact (augmentation du nombre des nœuds de contact) entre le poinçon et le flan. L'effort de formage dépend du diamètre de poinçon et des dimensions de forme souhaitée.

La figure 3.4 présente l'évolution des efforts axiaux de formage incrémental, fournis par le poinçon au cours de mise en forme à différents diamètres de poinçon, avec une profondeur de passe fixe $\Delta_y = 0,5$ mm. La variation de la force verticale est proportionnelle à la dimension du poinçon. Ce constat confirmé les travaux développé par Joost Duflou [DUF 07].

Cette force atteint une valeur maximale de 3185 N pour un diamètre du poinçon de 10 mm par contre pour un diamètre de 6 mm on trouve une valeur maximale de l'effort presque égale à 2446 N.

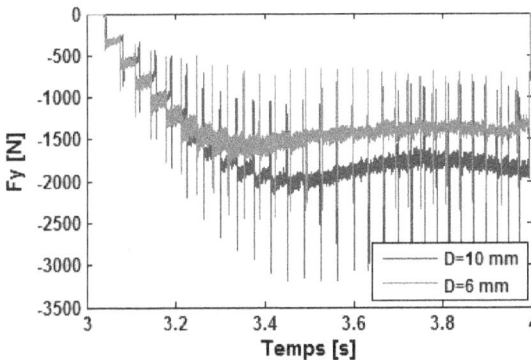

Figure 3.4 : Evolution des efforts axiaux $\vec{F}_y$ de poinçon aux différents diamètres de poinçon avec un pas = 0,5 mm.

b) Variation des contraintes de Von-Mises

Cette partie s'intéresse à l'influence du diamètre de poinçon sur la répartition des contraintes après l'opération de formage incrémental.

La figure 3.5 indique le profil choisi pour déterminer la répartition des contraintes de Von Mises après mise en forme de la tôle. Il est effectué suivant la direction longitudinale $\vec{Z}$.

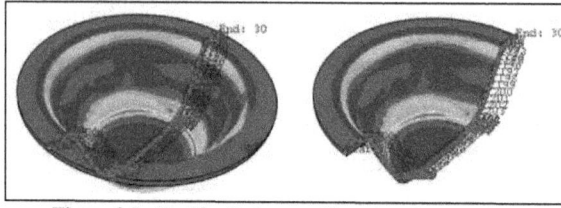

Figure 3.5 : Profil utilisée pour déterminer la contrainte.

Le résultat de simulation montre l'évolution des contraintes de Von-Mises en fonction du temps aux différents diamètres de poinçon (D= 10 mm, D= 6 mm) avec un pas vertical constant égal à 0,5 mm comme le montre la figure 3.6. En effet, les valeurs de contraintes maximales sont évaluées à 600 MPa pour un diamètre égal à 10 mm et 952 MPa pour un diamètre 6 mm.

Nous remarquons que la variation de diamètre de poinçon a une grande influence sur la répartition des contraintes. En effet, la diminution de diamètre du poinçon provoque une augmentation des contraintes.

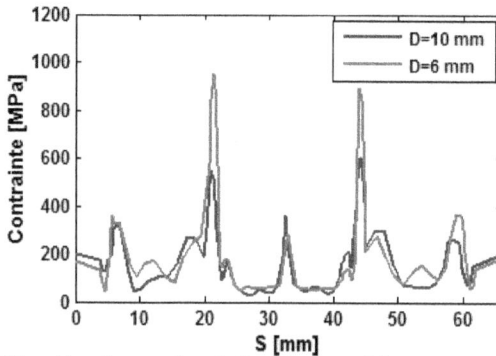

Figure 3.6 : Répartition de contrainte de Von Mises aux différents diamètres de poinçon.

La figure 3.7 présente la distribution de contrainte de Von-Mises pour les deux diamètres de poinçon.

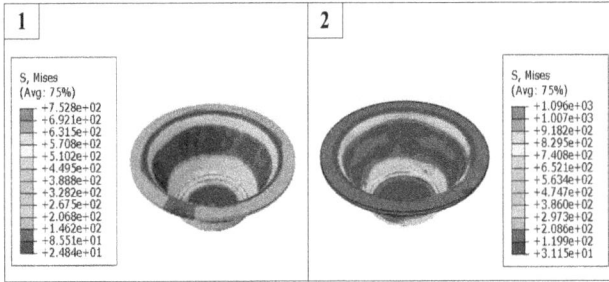

Figure 3.7 : Distribution de contrainte de Von Mises aux différents diamètres de poinçon.

(1) D= 10mm, (2) D= 6mm.

Nous choisissons parmi les deux valeurs du diamètre du poinçon celle qui offre un effort de formage le plus faible. En effet un effort de formage très grand engendre parfois des problèmes au niveau de la précision géométrique de la tôle.

3.2.2. Influence de la nature de matériau

Un autre paramètre de procédé qu'il faut étudier est la nature de matériau pour voir son influence sur la répartition des efforts de formage et la contrainte de Von-Mises.

a) Les efforts de formage

Pour comparer l'évolution de l'effort de formage à chaque matériau, nous avons réalisé la simulation numérique pour un diamètre de poinçon égale à 6 mm et un incrément axial égal à 0,5 mm.

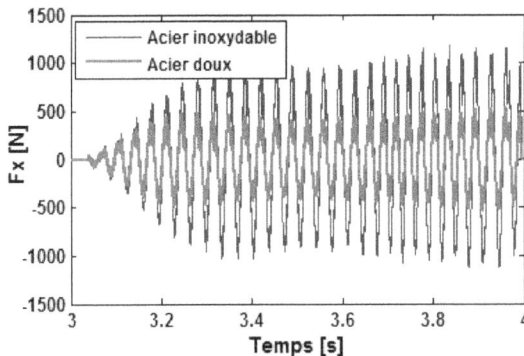

Figure 3.8 : Evolution des efforts latéraux $\vec{F}_x$ aux différents matériaux (acier inoxydable, acier doux) avec un diamètre de poinçon D = 6 mm.

La figure 3.8 montre l'évolution de l'effort axiale $\vec{F}_X$ en fonction du temps de formage pour la mise en forme des tôles pour différents matériaux. L'effort mis en jeu correspond à l'acier doux est légèrement plus faible que le matériau acier inoxydable 304 L. Cette variation des efforts générés par le poinçon due à la variation de limite d'élasticité des deux matériaux. En effet, l'acier doux possède une limite d'élasticité de 235 MPa mais pour l'acier inoxydable 304 L est d'ordre de 350 MPa, ce qui explique que le matériau qui possède une limite d'élasticité la plus importante nécessite un effort de formage plus important [DEC 09].

La valeur de la force latérale maximale pour l'acier inoxydable 304 L est presque trois fois plus grande que pour l'acier doux. En effet, la force maximale atteint est égale 1184N pour le premier contre 544 N pour le deuxième.

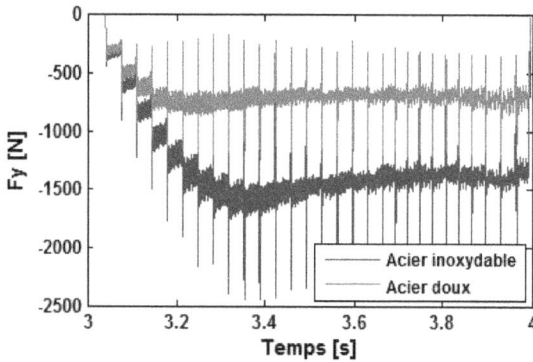

Figure 3.9 -: *Evolution des efforts axiaux $\vec{F}_y$ aux différents matériaux (acier inoxydable, acier doux) avec un diamètre de poinçon D = 6 mm.*

L'effort vertical maximal $\mathbf{F_y}$ apparait au début de la mise en forme et pour certaines valeurs, il se stabilise le long du trajet comme montre la figure 3.9.

b) Variation des contraintes

La figure 3.10 montre la répartition de contrainte de Von-Mises pour un diamètre de poinçon égale à 6mm et un incrément vertical égale 0,5mm. En effet, la valeur de contrainte maximale dans le cas de l'acier inoxydable est de 952MPa, celle de l'acier doux est de 446 (2 fois moins que l'acier inoxydable.

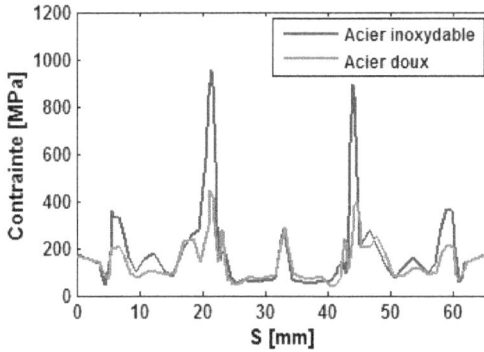

Figure 3.10 : *Répartition de contrainte de Von Mises aux différents matériaux.*

La valeur minimale de la contrainte de Von-Mises correspond au matériau acier doux comme montre la figure 3.11.

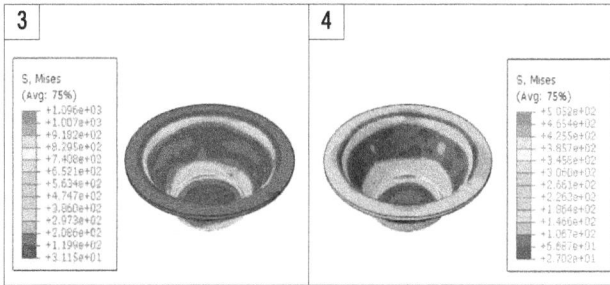

Figure 3.11 : *Distribution de contrainte de Von Mises aux différents matériaux.*

(3) Acier inoxydable 304L, (4) Acier doux.

3.2.3. Influence de l'incrément vertical

Un des paramètres de procédé qui semble important, est la taille de l'incrément vertical du poinçon. Plusieurs simulations ont été réalisées afin d'étudier l'influence du pas vertical sur les efforts fournies par l'outil et la répartition des contraintes.

a) Variation de l'effort de formage

Les figures (3.12) et (3.13) montrent l'évolution des composantes des efforts F_x et F_y obtenues par simulation numérique pour une trajectoire discontinue. Le diamètre de poinçon est fixé à une valeur de 6 mm ainsi qu'un incrément axial Δ_y variable.

On peut constater que par rapport aux deux paramètres étudiés précédemment, l'incrément Δ_y n'a pas une grande influence sur la répartition des efforts horizontaux.

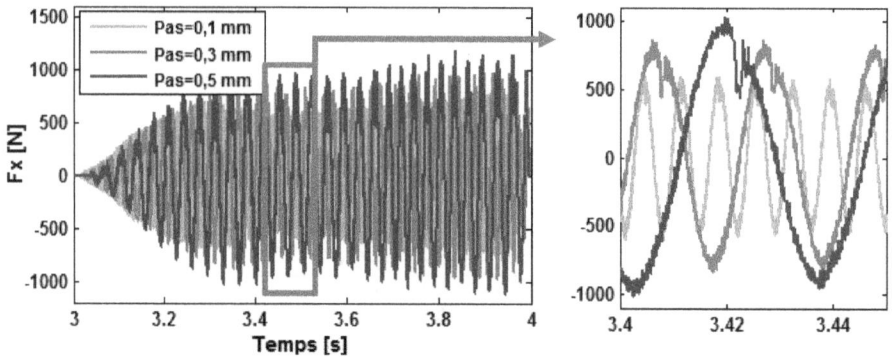

Figure 3.12 : *Evolution des efforts latéraux $\vec{F}_x$ aux différents pas vertical Δ_y avec un diamètre de poinçon*

$$D = 6 \; mm.$$

La force latérale maximale $\vec{F}_x$ nécessaire pour la mise en forme du tronc de cône avec un pas vertical 0,5 mm est d'environ 1184N plus grand de celle pour un pas de 0,1 mm.

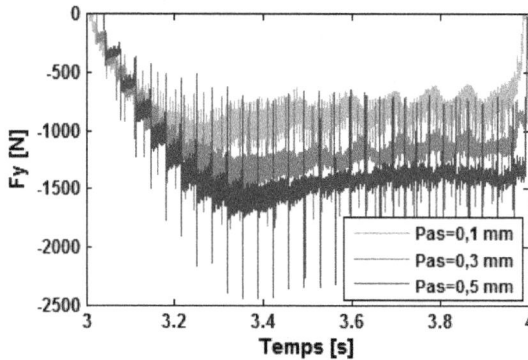

Figure 3.13: *Evolution des efforts axiaux $\vec{F}_y$ aux différents pas vertical avec $D = 6$ mm.*

La répartition de l'effort de formage augmente si la taille de pas vertical augmente. Dans le cas d'un pas vertical égale à 0,5 mm, la force axiale maximale est assez grande (2446 N). Ce dernier explique que la grandeur de la force est directement proportionnelle à la profondeur de passe.

Dans le cas où le pas vertical est très petit l'outil pénètre moins dans la tôle ce qui explique que l'effort vertical est plus faible.

Les résultats expérimentaux de SAIDI [SAI 13], Filice et Micari [MIC 06] et Joost et Paul [DUF 07] confirment les résultats de nos travaux. Cette comparaison concerne les variations des courbes de même allures.

b) Répartition des contraintes de Von-Mises

Trois incréments axiaux (0,5 mm ; 0 ,3 mm ; 0,1 mm) sont utilisées. L'objectif c'est de comparer les contraintes de Von-Mises aux différents pas verticaux pour un diamètre de poinçon égal à 6 mm. Les résultats de calcul montrent que la contrainte de Von-Mises diminue avec la diminution de la profondeur de passe. En effet, la figure 3.14 montre la variation de la contrainte en fonction du temps aux différents incréments verticaux.

Nous pouvons constater que l'augmentation de la contrainte est proportionnelle à la profondeur de passe.

La valeur maximale de contrainte atteinte est plus importante pour le pas vertical égale 0,5 mm.

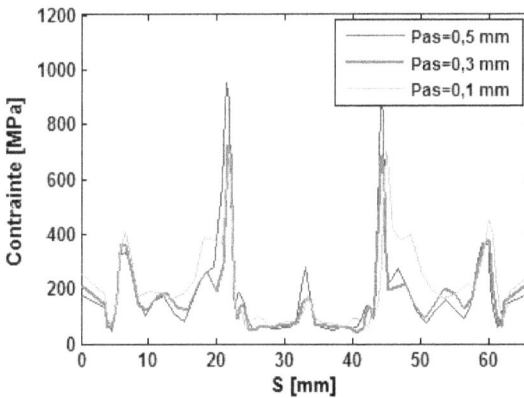

Figure 3.14 : *Répartition de contrainte de Von Mises aux différents pas verticaux.*

La figure 3.15 montre les zones de distribution des contraintes à différentes profondeurs de passe.

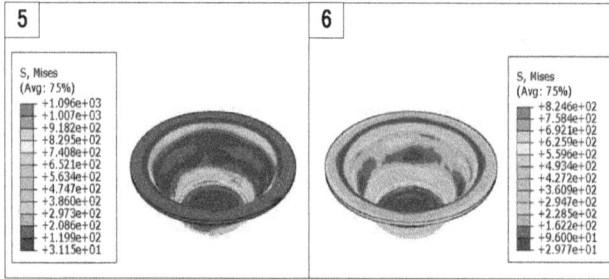

Figure 3.15 : Distribution de contrainte de Von Mises aux différents pas verticaux.

(5) Pas= 0 ,5 mm, (6) Pas= 0,1 mm.

3.2.4. Effet de la trajectoire de l'outil

Nous présentons dans cette partie l'effet de la trajectoire d'outil sur l'évolution de l'effort de formage pour l'acier inoxydable 304 L, un diamètre d'outil égale à 6 mm et un pas vertical égale à 0,1 mm.

a) Evolution des efforts

Les figures (3.16) et (3.17) montrent le cas où le diamètre de poinçon égale à 6 mm et l'incrément vertical Δ_y, l'évolution des efforts $\vec{F}_x$ et $\vec{F}_y$ obtenue par simulation pour deux cas de trajectoire continue (hélice) et discontinue (circulaire).

L'effort latéral de trajectoire discontinue atteint une valeur maximale de 802 N, qui est faible par rapport à celle de la trajectoire continue (autour de 1300 N).

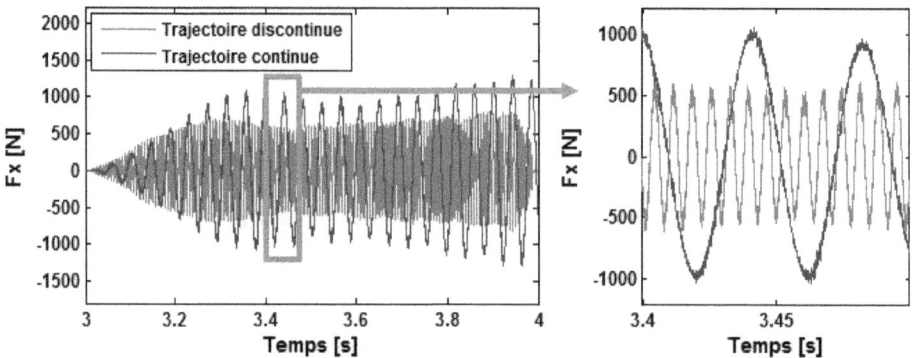

Figure 3.16: Evolution des efforts latéraux $\vec{F}_x$ aux différentes trajectoires d'outil avec D = 6 mm et Δ_y = 0,1mm.

L'effort axial $\vec{F_y}$ correspond à la trajectoire hélice (continue) est plus important. Il admet une valeur maximale de l'ordre de 1900 N comme l'indique la figure 3.17. En effet, ce dernier diminue et atteint une valeur de 1200 N pour la trajectoire circulaire (discontinue).

Nous constatons que les efforts axiaux exercés par l'outil sont plus stables dans le cas de trajectoire continue. Ces résultats sont confirmés par H. ARFA [ARF 09] au niveau des allures des courbes et aux différentes trajectoires.

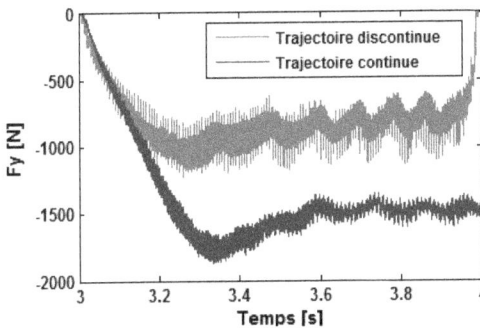

Figure 3.17: Evolution des efforts axiaux $\vec{F_y}$ aux différentes trajectoires d'outil avec D = 6 mm et $\Delta_y = 0,1mm$.

Le tableau 3.1 montre également les valeurs maximales correspondantes aux efforts maximaux latéraux ($\vec{F_x}$ et $\vec{F_z}$) et axiales ($\vec{F_y}$), ainsi la résultante obtenue à différents paramètres.

Tableau 3.1 : Répartition des efforts maximaux à différents diamètres de poinçon, à différents pas verticaux et à différentes caractéristiques mécaniques de matériau

		D (mm)	Δ_y (mm)	$\vec{F_x}$ (N)	$\vec{F_z}$ (N)	$|\vec{F_y}|$ (N)	$\vec{F_{r_{max}}}$ (N)
Trajectoire discontinue	Acier inoxydable 304L	10	0,5	1566	1576	3185	3418
		6	0,5	1184	1140	2446	2578
		6	0,3	993	983	1840	1936
		6	0,1	802	798	1226	1367
	Acier doux	6	0,5	543	539	1233	1292
Trajectoire continue	Acier inoxydable 304L	6	0,1	1300	1286	1868	2138

b) Répartition des contraintes

La trajectoire de l'outil a une grande influence sur la répartition des contraintes. En effet, la valeur maximale des contraintes pour la trajectoire continue est égale à 1179 MPa. Cette augmentation due à l'augmentation de la force de poinçon.

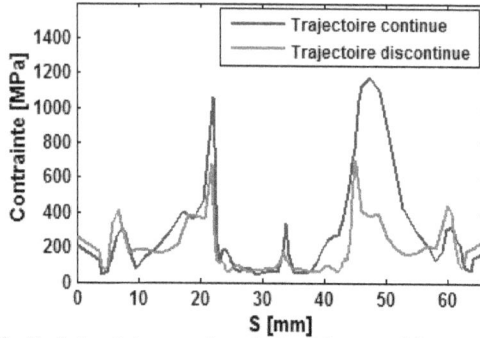

Figure 3.18 : Evolution de la contrainte de Von-Mises aux différents trajets d'outil.

La figure 3.19 présente la distribution de la contrainte de Von-Mises aux différentes trajectoires d'outil avec un pas vertical égale à 0,1 mm et un diamètre d'outil égal à 6 mm.

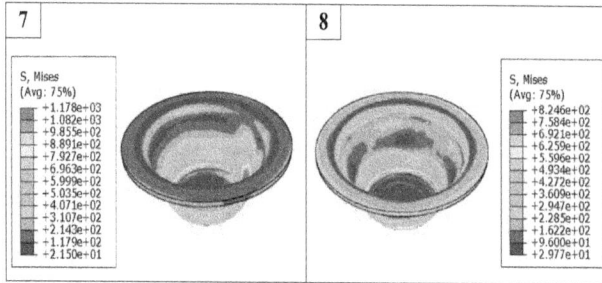

Figure 3.19 : Distribution de contrainte de Von Mises aux différents trajets d'outil.

(7) Trajet continue, (8) Trajet discontinue.

D'après les résultats précédents, nous remarquons que la diminution du diamètre de poinçon, l'augmentation de profondeur de passe et le choix de la nature du matériau, ainsi la stratégie du parcours de l'outil permettent de donner une contrainte de Von-Mises plus importante.

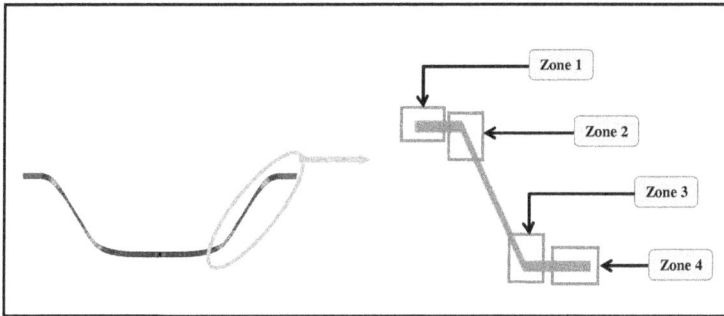

Figure 3.20 : *Zones de répartition de la contrainte.*

Nous constatons d'après les figures (3.6), (3.10), (3.14) et (3.18) qu'il existe quatre zones qui caractérisent la répartition des contraintes (la figure 3.19 explique les zones principale de contrainte):

- **Zone 1** : C'est la zone de serrage du flan dans laquelle la contrainte ne dépasse pas la valeur de 200MPa, car l'effort appliqué par la serre-flan reste le même pour tous les essais de simulation.

Nous constatons que la contrainte dépend de la force de serre-flan. En effet, la diminution de l'effort de serrage permet de diminuer la contrainte (risque de glissement).

- **Zone 2** : C'est la zone de contact entre la matrice, flan et le poinçon : l'outil exerce des efforts moyennement importants sur la tôle qui provoque l'augmentation de contraintes de contact (d'environ 400MPa). Plus que le diamètre de l'outil est très petit, plus les contraintes de contact seront importantes. Cette constatation est confirmée par DECULTOT Nicolas [DEC 09].

- **Zone 3** : C'est la zone de contact entre le poinçon et le flan, pour la quelle la contrainte atteint une valeur maximale d'environ 950MPa. Le principal paramètre qui influe sur la répartition des contraintes, dans cette zone est la profondeur de l'emboutie.

En conclusion, l'augmentation des contraintes de Von Mises, même si elle permet d'avoir un niveau de déformation plastique plus élevé, elle présente l'inconvénient du problème d'amincissement du flan. En d'autres termes, plus la réduction d'épaisseur est grande, plus la contrainte de Von-Mises est importante.

- **Zone 4** : Dans cette partie la contrainte de Von-Mises est constante au cours de l'essai de formage incrémental (d'environ 76MPa), car l'outil pénètre dans les extrémités (aux bords) de la pièce mais il ne se déplace pas dans cette zone.

Le tableau 3.2 suivant montre les valeurs des contraintes et l'épaisseur de la tôle aux différentes zones.

Tableau 3.2 : Répartitions de la contrainte de Von-Mises et l'épaisseur de la tôle à différente zone.

Zone	Epaisseur e (mm)		Contrainte de Von-Mises $\sigma_{Von-Mises}$ (MPa)	
	max	Min	max	Min
1	1	0,92	172	133
2	0,92	0,5	363	81
3	1	0.4	951	76
4	1	1	76	75,9

Les résultats du tableau nous permettent d'expliquer le phénomène d'amincissement du flan. En effet, une contrainte maximale nous donne une épaisseur minimale réduite. Celle-ci fait l'objectif de la partie suivante du rapport.

3.3. Amincissement du flan

La géométrie du produit final se présente comme l'un des paramètres les plus importants lors de la simulation numérique des procédés de formage incrémental. Pour garantir une géométrie finale de la pièce satisfaisante et fiable de point de vue utilisation dans des domaines faisant intervenir certaines conditions (force, pression...) pouvant provoquer la rupture de la pièce. Pour ces raisons, il est nécessaire de mettre en évidence le phénomène d'amincissement du flan.

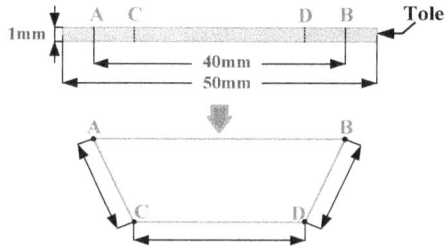

Figure 3.21 : Caractérisation des zones d'amincissement.

L'épaisseur est déterminée à partir de la distance normale entre la surface interne et externe de la tôle sur l'ensemble de la partie (figure 3.21). La répartition de l'épaisseur est représentée par les figures 3.22 qui traduisent l'effet de variation de diamètre de l'outil, le pas vertical, la nature du matériau et la trajectoire de l'outil sur la répartition de l'épaisseur.

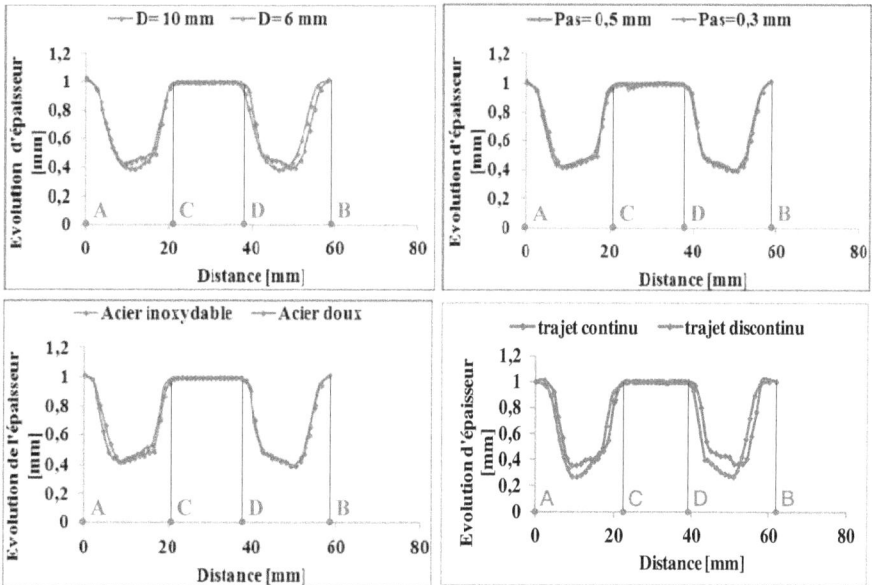

Figure 3.22: Evolution de l'épaisseur de la tôle à différente cas.

Les figures précédentes montrent la diminution relative de l'épaisseur de la tôle. Ainsi, Nous identifions trois parties définies par (AC), (CD) et (DB).

La géométrie du produit final est une forme axisymétrique. Elle présente deux parties identiques (AC) et (DB) caractérisées par la même réduction de l'épaisseur. Pour cela notre étude portera uniquement sur deux zones.

Zone 1 (AC et DB) : C'est la zone active, correspondant à la surface de contact avec l'outil. Elle présente une grande réduction de l'épaisseur (grand amincissement). L'amincissement important est dû à la pénétration de l'outil qui provoque le déplacement de la matière le long de la trajectoire. L'amincissement s'explique encore par l'augmentation de la déformation et des contraintes nécessaires à la plastification du matériau.

L'épaisseur diminue de plus en plus en partant de sa valeur initiale e=1mm jusqu'à ce quelle atteint une valeur minimale égale à 0,4mm pour un parcours discontinu (la réduction d'épaisseur est d'environ 60%). Pour un parcours continu l'épaisseur diminue de 0,27mm soit une réduction d'environ 70%.

La grande diminution de l'épaisseur de la tôle provoque des problèmes au niveau des domaines d'utilisation, du fait qu'elle ne s'adapte pas aux efforts et aux pressions. Ce problème d'amincissement fait intervenir la rupture de la pièce pendant l'utilisation.

Zone 2 (CD) : Cette zone ne présente aucun contact avec le poinçon. En effet, l'épaisseur de la tôle reste constante égale à 1mm (pas d'amincissement). Aucun effort appliqué à cette zone car le poinçon se déplace aux extrémités de la tôle mais ne touche pas le centre.

Nous remarquons que l'épaisseur reste à peu prés constante à cause de l'absence de la contrainte (contrainte négligeable). Ces résultats sont comparables aux travaux de Filice [FIL 05].

En conclusion, l'utilisation d'une trajectoire discontinue donne un amincissement du flan faible par rapport à un parcours continu (épaisseur 2 fois grand que l'épaisseur de trajet continue).

Il est nécessaire, donc, de prendre en compte ce phénomène pour réduire l'amincissement du flan de telle sorte que l'épaisseur soit presque uniforme.

Nous avons pris en compte que le procédé de formage incrémental à seul point SPIF a un grand inconvénient concernant la qualité finale de la pièce (amincissement du flan).

A cause de ce problème, nous choisissons de simuler par le procédé de formage incrémental à deux points TPIF, pour atteindre notre objectif (obtenir une épaisseur presque uniforme).

Les outils utilisés pour le procédé de formage incrémental à deux points sont représentés par la figure 3.23.

Figure 3.23 : *Dispositif de procédé de formage incrémental deux points TPIF.*

D'après la figure (3.24) nous remarquons que l'épaisseur reste constante au milieu de la tôle et diminue localement aux bords (problème d'amincissement).

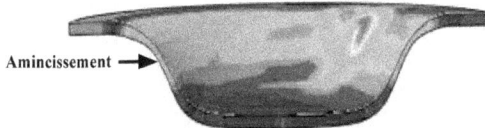

Figure 3.24 : *Amincissement du flan : cas de procédé de formage TPIF*

La synthèse c'est que le problème d'amincissement ne dépend pas du choix de procédé de formage incrémental, mais il dépend d'une trajectoire qui permet de piloter l'outil et déformer le milieu de la tôle.

3.4. Comparaison de profil théorique (souhaité) et simulé

Après simulations, le profil numérique a été déterminé pour les deux trajectoires continue et discontinue sur la surface intérieure de la pièce et comparé au profil théorique (souhaité).

A partir des résultats obtenus à partir de simulations numériques du formage incrémental, en gardant la variation des tels paramètres principaux (diamètre d'outil, pas vertical, trajectoire d'outil), nous avons obtenu les profils simulés aux différentes trajectoires pour un pas égal à 0,1 mm et un diamètre d'outil égal à 6 mm.

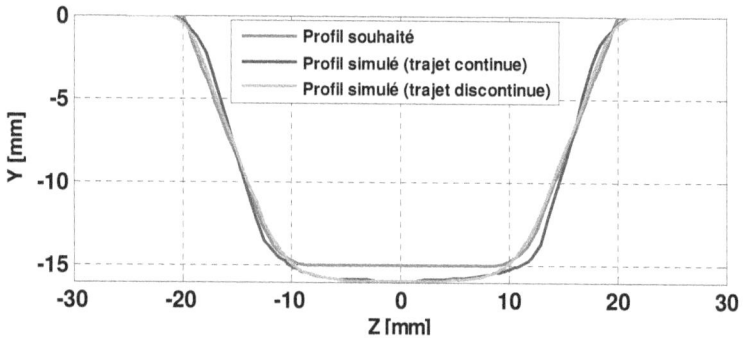

Figure 3.25 : Comparaison de profil théorique (souhaité) et simulé.

Nous constatons que la trajectoire discontinue donne la meilleure géométrie finale de la forme tronc du cône comme l'indique la figure (3.25).

Par conséquent, la trajectoire continue nous donne une géométrie non satisfaisante à cause de l'effort appliqué par l'outil.

La figure 3.25 indique la forme finale tronc de cône à différent vue, obtenue pour une trajectoire discontinue, relativement à une profondeur de passe égale à 0,1 mm et de diamètre de poinçon de 6 mm.

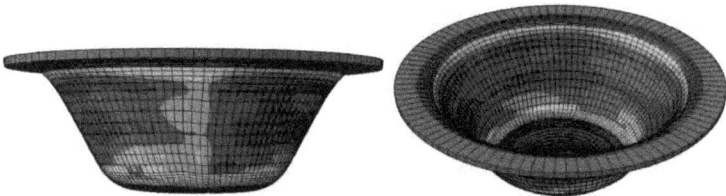

Figure 3.26 : Forme finale de la pièce tronc de cône

3.5. Conclusion

Dans ce chapitre, nous avons effectués des simulations numériques basées sur la variation des certains paramètres principales (diamètre d'outil, profondeur de passe, choix de matériaux et la trajectoire d'outil). La majorité des simulations sont effectuées en utilisant la trajectoire discontinue et le matériau acier inoxydable 304L.

Nous avons étudié l'influence de ces paramètres sur l'évolution des efforts de formage, la répartition des contraintes et l'amincissement du flan. Les résultats montrent que :

- L'évolution de l'effort de formage et proportionnelle à la variation de diamètre d'outil et le pas vertical. Les résultats confirment les travaux de Joost Duflou [DUF 07], SAIDI [SAI 13] et Filice et Micari [MIC 06].

- Le choix du matériau et la trajectoire d'outil ont une influence significative sur l'évolution des efforts, ainsi un matériau qui possède une limite élastique la plus importante, nécessite un effort de formage plus important [DEC 09]. De plus la force axiale est stable pour un parcours continu [ARF 09].

- La diminution de diamètre d'outil provoque une augmentation de la contrainte.

- L'augmentation de la contrainte est proportionnelle à l'incrément axial.

Nous avons constaté que la distribution de la contrainte présente le problème d'amincissement du flan. En effet, une augmentation de la contrainte donne une réduction d'épaisseur importante.

- L'amincissement du flan se concentre aux bords de la tôle. Le paramètre principal qui influe sur la réduction de l'épaisseur c'est le chemin de chargement de l'outil. En effet, un trajet continu nous donne une épaisseur plus faible de 0,27mm, mais 0,4mm pour le trajet discontinu (le trajet discontinu donne une meilleure géométrie finale de la pièce).

Conclusion générale et perspectives

Le travail présenté dans ce mémoire a porté sur l'analyse numérique de procédé de formage incrémental à un point SPIF, par les investigations faites sur les efforts de formage ,les contraintes de Von Mises et l'amincissement du flan.

Le premier chapitre de ce mémoire a permis de situer le contexte du travail et de présenter un état de l'art concernant le procédé de formage incrémental. Nous avons présenté les différentes catégories de formage incrémental, leurs principes et leurs avantages, par rapport aux autres procédés de mise en forme. Ce procédé permet la production des pièces de petites séries et la fabrication de prototype. Nous avons vu quelques domaines d'application de ce procédé.

L'étude menée a été basée sur l'utilisation du code de calcul Abaqus, elle porte sur la modélisation de procédé de formage incrémental. Nous avons déterminé les trajectoires en utilisant un système de CFAO. Nous avons présenté le dimensionnement de l'outillage utilisés pour la simulation ainsi les propriétés mécaniques et le maillage utilisé.

Les résultats de simulations sur le code de calcul élément finis ABAQUS ont pour but d'étudier l'influence des paramètres de formage sur l'évolution d'effort et la répartition des contraintes, puis l'amincissement du flan.

Les résultats montrent que :

- Le diamètre de l'outil, le pas vertical, la nature de matériau et la trajectoire d'outil ont une influence significative sur l'évolution des efforts et la répartition des contraintes.
- Les résultats de simulation sont proches des résultats issus de l'expérimental [SAI ,13], [MIC, 06], [DUF, 07].
- La force axiale apparait au début de la mise en forme et à certaines valeurs elle se stabilise le long du trajet.
- L'effort vertical est plus stable dans le cas d'une trajectoire continue [ARF, 09].

66

- L'influence de trajectoire d'outil sur la réduction d'épaisseur (amincissement du flan). Dans le cas d'un trajet continu l'épaisseur diminue de 60% à 70% de la valeur initiale.

- Le problème d'amincissement ne dépend pas du choix de procédé de formage incrémental, mais il dépend d'une trajectoire qui permet de piloter l'outil et déformer le milieu de la tôle.

- La simulation numérique rend compte de la trajectoire d'outil, le pas vertical et le diamètre de, l'outil sur la forme finale de la pièce.

- Le trajet discontinu nous donne une meilleure géométrie finale de la pièce.

Une continuité de ce travail consistera à l'étude expérimentale pour valider ces résultats numériques.

Il est envisageable d'implanter un modèle d'endommagement dans le comportement mécanique de la tôle pour éviter la rupture (zone de striction).

Une autre perspective de recherche concernant la qualité finale de la pièce qui consiste à obtenir une épaisseur uniforme après la mise en forme des pièces.

Références Bibliographiques

[DEC 09] : DECULTOT Nicolas, « *Formage incrémentale de la tôle d'aluminium. Étude du procédé à l'aide de la mesure de champs et identification de modèles de comportement* », thèse de doctorat, Université de l'université de Toulouse, 10 décembre 2009, pages 16-17-19- 21-32-82-83-91.

[EMM 10]: W.C. Emmensa, G. Sebastianib, A.H.van den Boogaardc « *The technology of Incremental Sheet Forming—A brief review of the history* » Journal of Materials Processing Technology 210 (2010) 981–997.

[KOP 05] : J. Kopac , Z. Kampus « *Incremental sheet metal forming on CNC milling machine tool* » , Faculty of Mechanical Engineering, Journal of Materials Processing Technology, Volumes 162–163, 15 May 2005, pages 622–628.

[ROB 09] : Camille ROBERT, « *Contribution a la simulation numérique des procédés de mise en forme : Application au formage incrémental et au formage superplastique* », thèse de doctorat, 12 décembre 2009, pages 37-38.

[JES 05] : J. Jeswiet, F. Micari, G. Hirt, A. Bramley, J. Duflou, J. Allwood « *Asymmetric Single Point Incremental Forming of Sheet Metal* » , CIRP Annals - Manufacturing Technology, Volume 54, Issue 2, 2005, pages 88-114.

[HIR 04] : G. Hirtl, J. Ames, M. Bambachl, R. Kopp,« *Forming strategies and Process Modelling for CNC Incremental Sheet Forming* », CIRP Annals - Manufacturing Technology, Volume 53, Issue 1, 2004, pages 203-206.

[GUO 08] : Guoqiang Fan, L. Gao, G. Hussain, Zhaoli Wu, « *Electric hot incremental forming: A novel technique* » , International Journal of Machine Tools & Manufacture, International Journal of Machine Tools and Manufacture, Volume 48, Issue 15, December 2008, pages 1688–1692.

[MAL 12] : Rajiv Malhotra , Jian Cao,Michael Beltran , Dongkai Xu , James Magargee, Vijitha Kiridena , Z. Cedric Xia,« *Accumulative-DSIF strategy for enhancing process capabilities in incremental forming* »,CIRP Annals - Manufacturing Technology 61 (2012) 251–254.

[KIM 00]: T.J. Kim, D.Y. Yang, « *Improvement of formability for the incremental sheet metal forming process* », International Journal of Mechanical Sciences 42 (2000) 1271}128.

[DUF 07] : Joost Duflou, Yasemin Tunçkol , Alex Szekeres, Paul Vanherck ,« *Experimental study on force measurements for single point incremental forming* » ,Journal of Materials Processing Technology 189 (2007) 65–72.

[TEK 09]: V.Franzen, L. Kwiatkowski, P.A.F. Martins, A.E. Tekkaya, « *Single point incremental forming of PVC* », journal of materials processing technology 209 (2009) 462–469.

[AMB 05] : G. Ambrogio, L. De Napoli, L. Filice, F. Gagliardi, M. Muzzupappa, « *Application of Incremental Forming process for high customized medical product manufacturing* » , Journal of Materials Processing Technology 162–163 (2005) 156–162.

[KAT 09] : Kathryn Jackson, Julian Allwood ,«The mechanics of incremental sheet forming » , journal of materials processing technology 209 (2009) 1158–1174.

[PET 09] : A. Petek, B. Jurisevic, K. Kuzman, M. Junkar,« *Comparison of alternative approaches of single point incremental forming processes* »,Volume 209, Issue 4, 19 February 2009, Pages 1810–1815.

[PAR 01] : Mayoung-Sup Shim, Jong-Jin Park, « *the formability of aluminium sheet in incremental forming* » , journal of materials processing technology 113 (2001) 654-658.

[KIM 02] : Y.H. Kim, J.J. Park, « *Effect of process parameters on formability in incremental forming of sheet metal* », Journal of Materials Processing Technology 130–131 (2002) 42–46.

[MIC 02] : L. Filice, L. Fratin, F. Micari, « *Analysis of Material Formability in Incremental Forming* »,CIRP Annals - Manufacturing Technology, Volume 51, Issue 1, 2002, pages 199–202.

[MIC 06] : L. Filice, G. Ambrogio, F. Micari, « *On-Line Control of Single Point Incremental Forming Operations through Punch Force Monitoring* » , CIRP Annals Manufacturing Technology, Volume 55, Issue 1, 2006, pages 245–248.

[GRE 04] : Grenier, Jean-Christophe, « *Etude de l'endommagement pendant la mise en forme à froid de tôles d'Aluminium* », thèse de doctorat, 2004, page 18.

[SAI 13] : Badreddine SAIDI, « *Prédictions, des efforts de formage incrémental à un point SPIF* », mémoire master, ESSTT ,23 mars 2013.

[SLI 07] : Faouzi SLIMANI, « *Approche expérimentale pour la construction et la prédiction des courbes limites de formage des tôles* » mémoire master, Université de SOUSSE (ISSATSO), 30 octobre 2007.

[ARF 09] : H. ARFA, R. BAHLOUL, H. BEL HADJ SALAH, « *Simulation numérique du formage incrémental* », Congrès, Marseille, 24-28 août 2009.

[BEL 11] : J. Belchior, D. Guines, L. Leotoing, P. Maurine, E. Ragneau, « *Approche couplée matériau/structure machine : application au formage incrémental* », Congrès, Besançon, 29 août au 2 septembre 2011.

[STE 07] : Steeve Dejardin, Sébastien Thibaud & Jean-Claude Gelin, « *Etude numerique et experimentale du formage incremental pour les pieces de petites dimensions* », Institut FEMTO-ST – ENSMM, 27-31 août 2007.

[KUR 13]: Kurra Suresh, Arman Khan, « *Srinivasa Prakash RegallaTool path definition for numerical simulation of single point incremental forming* », Procedia Engineering 64 (2013) 536 – 545.

[LEO 13] : J. León, D. Salcedo, C. Ciáurriz, C.J. Luis, J.P. Fuertes, I. Puertas, R. Luri, «*Analysis of the influence of geometrical parameters on the mechanical properties of incremental sheet forming parts* », Procedia Engineering 63 (2013) 445 – 453.

[GIU 12] : Giuseppe Ingarao, Giuseppina Ambrogio, Francesco Gagliardi, Rosa Di Lorenzo, « *A sustainability point of view on sheet metal forming operations: material wasting and energy consumption in incremental forming and stamping processes* », Journal of Cleaner Production 29-30 (2012) 255e268.

[FIL 05] : G. Ambrogio, L. Filice, F. Gagliardi, and F. Micari ,« *Three-dimensional fe simulation of single point incremental forming: experimental evidences and process design improving* », VIII International Conference on Computational Plasticity COMPLAS VIII E. Oñate and D. R. J. Owen (Eds) CIMNE, Barcelona, 2005.